储能科学与技术丛书

大规模储能系统

[美] 弗兰克 S. 巴恩斯 （Frank S. Barnes）　等著
　　　约拿 G. 莱文 （Jonah G. Levine）

肖　曦　聂赞相　　译

机 械 工 业 出 版 社

　　能量存储技术，特别是大功率、大规模的能量存储技术，在现代化的能量生产、传输、分配和利用中发挥着越来越重要的作用。本书基于一批国外高校、研究机构和能源管理运营企业的理论研究、技术开发和生产实际应用情况，以电能生产和利用为重点，全面深入地介绍了大规模储能技术。书中首先分析了高渗透率间歇性可再生能源对电网的影响，以此引出储能系统在其中的应用价值和发展前景。后面的章节依次详细介绍了抽水蓄能、地下抽水蓄能、压缩空气储能、电池储能、太阳热能存储和天然气存储等不同形式大规模储能技术的工作原理、研发现状，并结合具体应用案例的分析，以翔实的数据和图表证实了相关结论。本书既可以作为电气工程、热能工程等能源类专业本科和研究生的教学用书，也可作为能源领域工程技术人员的工具手册和参考用书。

译者序

　　储能是指将电能、热能、机械能等不同形式的能源转化成其他形式的能量存储起来，需要时再将其转化成所需要的能量形式释放出去。因为电能是目前应用最广泛的二次能源形式，储能的变换大都与电能的生产和利用相关，因此电力储能为储能技术中的最主要方式。能量可以存储为化学能、势能、动能、电磁能等形态。现代化的储能系统从第一个实用的铅酸电池发展至今已有 160 多年的历史，从铅酸蓄电池、镍氢电池、超级电容器、飞轮储能、超导储能、液流电池到锂离子电池，还包括抽水蓄能电站、压缩空气储能等，其发展历程主要体现在提高能量密度和功率密度，强化环境友好和资源可循环利用。不同储能方式可按储能原理主要分为三大类：机械储能（如抽水蓄能、压缩空气储能、飞轮储能等）、电磁储能（如超导储能等）和电化学储能（如钠硫电池、液流电池、铅酸电池、镍镉电池、超级电容器等）。

　　随着资源和环境问题的日益突出，储能技术的研究和发展越来越受到各国能源、交通、国防等部门的重视，储能技术的大规模应用将对现代化的能源生产、输送、分配和利用产生深远的影响和重要的作用。目前储能技术的主要应用形式包括：调节电网功率的瞬时平衡；提高可再生能源资源的利用效率；提高电能质量，增强电力系统的供电可靠性；为电动车辆、电力推进舰船及一些特殊的装备提供高效、高存储密度、高功率密度的电源。

　　电力系统要求电能生产与消费之间必须保持瞬时平衡，否则将出现负载不能正常运行、供电系统不稳定等事故。储能技术是调节电能瞬时平衡的重要手段。各种形式的储能电站在电网负荷低谷时从电网吸收电能，在电网负荷峰值时向电网输出电能。将储能装置用于电力调峰，所需装置应具有较大的存储容量。

　　以风能和太阳能为代表的可再生能源的大规模并网利

用急需储能技术的支持。煤、石油、天然气等化石能源终将枯竭，加上环保的需求，使得可再生能源的大规模应用势在必行，而这类能源的特点是随机性、间歇性和波动性较大，其对电网稳定性冲击很大，使得电力系统的安全性和经济性面临巨大的挑战。储能技术与可再生能源发电技术相结合，可以提高系统的稳定性、改善电能品质，提高资源的利用率。

储能技术可以为电能质量的提高提供新的有效方法。采用储能技术，可以使重要负荷不受瞬时性供电中断的影响。对于较长时间的供电中断，也可以在一定程度上延长采取应对措施的时间。与先进的电力电子技术相结合，储能系统还有助于降低电网谐波畸变率，消除电压凹陷以及浪涌电流等因素的影响。

在电动车辆、电力推进舰船中，需要高效高存储密度的电能存储装置。在航母电磁弹射系统、电磁炮等一些特殊军事装置中，需要在非常短的时间内提供超大量的电能，这些电能装置都需要高功率密度的储能系统作为电源。

基于储能技术方兴未艾的发展前景，本书重点针对电力系统负荷平衡、可再生能源并网等应用介绍大规模储能技术。书中不仅详细讲解了抽水蓄能、地下抽水蓄能、压缩空气储能、电池储能、太阳热能存储和天然气存储等不同形式大规模储能技术的工作原理、技术进展，还结合大量具体应用案例的分析，以翔实的数据和图表证实了相关结论。在倡导资源节约型社会和节能环保理念的今天，本书非常适合推荐给从事能源技术研发的专业工程和技术人员参考和使用。

本书翻译过程中，清华大学电机系的聂赞相、康庆、田培根、丁若星、摆念宗、聂金峰、许青松、王雅婷等老师和同学协助完成了部分章节的翻译、校对和整理工作，在此对他们表示衷心的感谢！

由于译者水平有限，书中难免存在错误和不妥之处，欢迎广大读者批评指正。

肖曦
于清华大学

原书前言

  本书很大程度上得益于科罗拉多大学波尔得分校一批学生的努力，这些学生对提高电网中可再生能源的渗透率很感兴趣。我们的初期工作试图包括系统可靠性、选址、经济性和效率等问题，但随着时间的推移，透过可再生能源发电渗透率的增长对我们电网经济性和碳排放等方面的影响，这项工作开始关注能量存储。我们首先关注于效用规模，并借鉴和加入了工作于储能领域的其他研究者的诸多成果和贡献，以便更完整地覆盖该领域中所有重要专题。多年前人们提出的关于储能经济性和系统建设困难等问题，现在仍然未完全解决。很多研究也得出了不一致的结论，但我们相信，当电网中风能、太阳能和其他可再生能源大量增加时，电能存储将会变得非常重要，通过存储使用的电能将成为系统总电能中的重要部分。本书中我们调研了可以实现大容量储能，并能再将其转换成电能的大量方法。

  我们希望本书内容可以有益于不同的人群，如在利用储能提高电网可再生能源渗透率时需要参考意见的决策者、研发者及学生。

Frank S. Barnes 和 **Jonah G. Levine**

致　谢

　　我们要向弗兰克（Frank Krieth）博士表达我们的谢意，他为本书提供了建议，并且帮助我们招募热能和蓄电池储能章节的作者。同时我们也要感谢科罗拉多能源研究所（CERI）、埃克西尔能源公司（Xcel Corporation）、科罗拉多大学的可再生与可持续能源研究所（RASEI）给予的经费资助，使得本书中的许多工作得以实现。

Frank S. Barnes 和 Jonah G. Levine

作者名单

Frank S. Barnes
Department of Electrical and
    Computer Engineering
University of Colorado
Boulder, Colorado

Carl Begeal
Department of Mechanical
    Engineering
University of Colorado
Boulder, Colorado

Porter Bennett
Bentek Energy LLC
Evergreen, Colorado

Terese Decker
Department of Mechanical
    Engineering
University of Colorado
Boulder, Colorado

Se-Hee Lee
Department of Mechanical
    Engineering
University of Colorado
Boulder, Colorado

Jonah G. Levine
Biochar Engineering Corporation
and
Center for Energy and
    Environmental Security
Boulder, Colorado

Jozef Lieskovsky
Bentek Energy LLC
Evergreen, Colorado

Gregory G. Martin
National Renewable Energy
    Laboratory
Electricity Resources and Building
    Systems Integration Center
Golden, Colorado

Brannin McBee
Bentek Energy LLC
Evergreen, Colorado

Kent F. Perry
Exploration and Production Center
Gas Technology Institute
Des Plaines, Illinois

Isaac Scott
Department of Mechanical
    Engineering
University of Colorado
Boulder, Colorado

Samir Succar
National Resources Defense Council
New York, New York

目　录

第1章 储能在电能的产生和消耗中的应用

Jonah G. Levine 和
Frank S. Barnes

1.1 引言

目前，储能在公共电力行业扮演着重要角色。对于当前的电网，存储容量的发展是为了存储发电量大而且响应慢的火电厂所产生的能量，然后再将其重新分配到用电高峰期。储能设备可用于套利（以较低价格买进能量并用较高价格卖出）并得到利润。除了将利润最大化，当前储能主要致力于提高可靠性、效率、电能质量、优化传输和黑启动（故障状态下的自启动）功能。尽管储能对电力生产可起到不同的最终作用，但储能的唯一目的仍然是提高供电的灵活性。多样化的储能技术要求发电量能随着电量需求的分布而变化，同时还要考虑存储容量的限制以及系统的功能。

以前的电力能源系统主要将储能用于优化大型火电厂的能源调度，并能调整高峰用电需求。以后的电力能源系统将把储能作为调整不可调节的可再生能源的工具之一，用于响应负荷需求。将来，储能将会继续扮演其早期的角色，并扩大到能促进将来的科技进步。储能在电力部门的运营中也将发挥越来越重要的作用，因为它们将会面临新的挑战，而这些挑战来自于大量可再生能源的接入。

风能和太阳能依赖于天气因素，不能人为控制。这意味着发电量和需求量不会总能匹配。例如，没有阳光，太阳电池就不会有电；当没有风时，用户最终会因没有风能而不能使用空调器。此外，大量的太阳电池安装在住宅区、小型企业和那些只用太阳电池提供一小部分电能的企业。因此，电力部门必须处理大批的小且分散的能源，并且这些能源不一定能为用电高峰期所用。

当负荷需求减小时，产生的多余电能如何分配又是另一个难题。太阳能和风能的全天分布如图 1-1 和图 1-2 所示。从图 1-1 中可以看出，太阳能的变化快慢以及在某些时刻太阳能供给不足时而导致了两个问题：第一个问题是需要消除可能因云层飘过遮住太阳（短期变化）而出现的输出电能快速变化；第二个问题是在晚上或者阴雨天（长期变化）需要持续供电的问题。其中，如果系统功率波动超过总功率的 10%~15%，这些问题会变得异常难以解决。当电网功率波动小于电网总功率的 10%，可以由热备用设备补充。当负荷发生变化需要增加发电量或者可再生能源提供的功率超过系统可以吸收的功率时，系统的运行状态也需要改变。

由图 1-2 可以清楚地看到，当风力发电高峰时，可能正是负荷低谷期，而高负荷时却可能处于风能偏低时段。简而言之，可再生能源提供的电量只能是电力需求的一部分。在可再生能源低供应且负荷高需求时期，可以有多种解决问题的方法，包括利用储能、调整需求或者在线投入燃气发电机等。最常见的解决方案是在线投入燃气发电机，或者根据协议以切负荷的方式来减小需求。如果一个系统有水力发电或者电力储能，则可以利用起来满足不同的负荷需求。

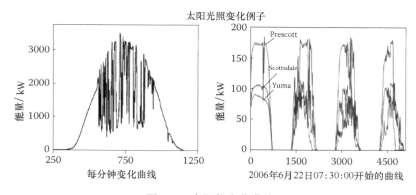

图 1-1　太阳能变化曲线

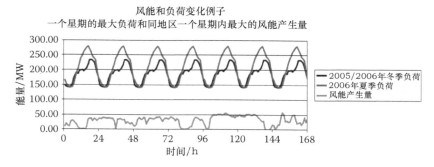

图 1-2　电能负荷和 7 天内的有效能量

供电时，如果可再生能源系统提供的功率超过电网可以吸收的功率时，可相应地将其从电网中切除。这些系统管理的具体方式还要取决于供电电源的类型、负荷需求特性和电网结构。需要注意的是，在没有重大维修、运行和可靠性问题时，燃煤电厂和核电厂的电能不能被减小到一定的水平以下，因为如果燃煤发电机和核发电机被关闭，可能要花上数小时甚至数天来起动。可以通过斜率有限的速度变化限制燃煤发电。燃气发电机则容易受到天然气供应短缺和价格波动的影响。

储能系统存储的电能从发电厂到负荷的输送由电力调度根据需求分配。储能技术在经济中的实用性和地位取决于它在系统中的集成度。例如，可以在风能或者太阳能发电厂附近建一些储能装置，当负荷高峰期时提供电能，当没有风时或者不需要时存储电能。为了减少传输损耗或者延缓在负荷需求不断增长的新地区建立新的输电线路的速度，也可在负荷附近配建储能装置。

世界正走在一个以分布式发电为主的新时代，能否妥善管理日益增长的大量不同形式的电源对每一个操作领域都至关重要。为了管理发电电源的多样性，未来电网需要在负荷需求和发电量管理上增加灵活性。同时这个电源的多样性也代表着排放物（碳）的减少和化石能源的节约。电力公司及其他供能公司如何管理增加的电源多样性将取决于供能系统中固有的可变性和其他可用的资源。为了实现负荷需求和发电量的灵活管理，需要以下步骤：

1）能源利用效率和需求响应。

2）多样性电源在空间和资源上展示出互补的特点。

3）将资源通过市场传输并及时利用的能力。

4）能量存储。

5）通过发展智能电网中电力数据的通信，整合上述步骤。

值得注意的是，尽管储能只是改善能源系统灵活性5个步骤中的一步，但它对于风能和太阳能这些资源，却是确保灵活性和可靠性的一个关键组成部分。抽水蓄能（PHES）、压缩空气储能（CAES）和其他储能系统将促进负荷需求与可再生能源供电的协调同步。

基本负荷发电向系统提供绝大部分的电能，并且对碳排放量的影响也最大。如果可再生能源要减少电能生产的排放量并显著增加供电的多样性，它必定会影响基本负荷发电。在低负荷需求时，把可再生能源接入电网提供电能将会是一个挑战，因为可能无法使基本负荷发电中的热力供电系统或者其他形式的供电系统急剧减少。储能，特别是通过抽水蓄能和压缩空气储能就能解决这样的难题，它可以协调各系统的功率爬坡速率，并平衡负荷需求和发电量之间的关系。

抽水蓄能和压缩空气储能从电网获取电能，并在需要时为电网提供能量。这样就提出了一个很重要的问题：用哪些（发电）资源为抽水蓄能和压缩空气储能提供充电功率？如果一个资源位于抽水蓄能的抽水发电站或者压缩空气储能的压缩空气站附近，那么这个资源最有效。因此，当附近有合适的煤资源，就可以用煤燃烧来充电。当附近有合适的风能，就用风能充电。有更多的可用的可再生能源，就更有可能用可再生能源作为首选为抽水蓄能和压缩空气储能提供能量。可再生能源的比例（渗透率）越大，系统所需的灵活性就越大；可再生能源的渗透率越低，则储能需要得也越少，但同时会增加非可再生能源用于储能的可能性。可再生能源的渗透率越高，则需要存储的能量越多，同时可再生能源用于储能的可能性也会增加。所以，储能对于发展可再生能源是一个非常重要的环节，而且它还能减少系统其余部分的（碳）排放。可再生能源（如风力和太阳能发电）将受益于储能，同样，传统发电系统（如煤和天然气发电）和电力系统的其他组成部分（如输电线路等）也将受益于合理布局的储能。美国电力研究院（EPRI）列出了储能带来的一系列好处：

1）可延迟发电和输配电各环节所用部件的替代更新，以及避免解决方案所带来的成本。

2）可通过用非高峰期的低价电能替代高峰期的高价电能减少用电成本。

3）电网的电能传输峰值减少，对于一个分布式供能体系，电能传输的需求费用也会减少。

4）辅助设备，特别是调节控制和备用设备使用减少[1]。

随着可再生能源在电网中渗透率的提高，储能技术将会成为电网中更加重要的要素。如果能利用资源在地域的分布特点和多样性，利用需求响应调节和提高系统效率，则备用发电与储能的需求量都可以减少。间歇性可再生能源发电产生的能量和储能容量相结合可实现良好的互补。

美国科罗拉多州的可再生能源发电，特别是风力发电，正处于快速发展阶段，除了实现零排放之外，还有效地推动了社会经济的发展。因此继续增加系统的容量将有助于促进社会经济发展，扩容的途径如下：

1）储能。储能装置可以允许负荷消耗过剩的或低价值的能源，而把高价值能源配置给其他需求。

2）需求响应。也叫可控负荷，这个技术可能会产生巨大的效益，详见2008年2月26日 ERCOT 报告中的描述[2]。

3）总效率。尽管这个因素没有直接增加容量，但通过减小基本负荷发挥了作用。

4）提高可再生能源发电的容量和可靠性。在考虑资源多样性及其空间分布特性基础上，这取决于对可再生能源发电可靠性概率的准确计算和优化规划[3,4]。

5）增加天然气（NG）发电容量配置和存储。尽管这个方法非常有效，但它存在污染排放问题。同时燃烧天然气发电只能支持欠发电量状况，对于过发电量状况没有调节作用。此外，天然气价格的变动也使其有一定的经济风险。

6）智能电网。实时的自动通信有利于用以上方法实现扩容。

随着越来越多的风力发电和太阳能发电并入电网，企业与技术开发商可以考虑增加储能系统的多样性，并将其作为一种提高电网可靠性和降低供能成本的手段。储能种类的选择既取决于满足系统瞬时功率平衡所需的短时功率，也取决于考虑了长时间甚至数年的气候变化因素的可再生能源总输出电能与负荷所需总电能的差值负荷。以分钟为量纲的功率波动（见图1-1）可以通过安装电池、超级电容器和飞轮储能系统来平缓。热能存储技术将在太阳能利用方面非常有用，它可以存储太阳能以满足夜晚的需求。

目前大规模的储能主要还局限于抽水蓄能和压缩空气储能。运行在系统上的各种资源及它们各自排放的气体是电网产生温室效应的主要原因。储能系统由区域内资源或下一个处于调度序列中的资源提供能量。在一个给定的电力系统中，可再生能源发电渗透率越高，越能实现区域内资源利用的无碳排放。同样，易变化的可再生能源发电渗透率越高，系统在没有光与风的情况下为响应负荷需求所需要的供电能力也越强。

一篇 EnerNex Corporation 提供的关于科罗拉多州电网的报告显示，当可再生能源的渗透率达到 10%，在没有储能（在科罗拉多州 Georgetown 附近的 Cabin Creek 河，有一个 324MW 的抽水蓄能电站）情况下，集成利用可再生能源的成本要高一倍[5]。尽管 Cabin Creek 的储能设备已经在风电集成上证明其具有较高的性价比和技术能力，但具备实时快速反应能力并能实时调整发电抽水负荷的现代储能设备，更加具备优势。一个最好的情况就是结合传统的抽水蓄能系统和先进的调速技术。EnterNex Corporation 附录里有一篇名为《Wind Integration Study for Public Service of Colorado：Detuiled Anaysis of 20%，Wind Penetration》[6] 的文章，其中具体分析了 Cabin Creek 储能水库抽水蓄能容量大小与风电成本的相关性，具体描述如下：

除了风力预测的分析外，几个相关性分析的例子都是使用的相同输入数据。该公司和 TRC 认为，抽水蓄能容量对风电集成到电网后发电成本的影响非常重要。通过改变抽水蓄能单元数量，对 PSCO 系统进行仿真，从而得到评估结果。现有的 Cabin Creek 储能单元被用作参考单位，每一个单元拥有 163MW 的发电量和 117MW 的存储容量。对几种设定情况进行建模，储能系统分别为 0、1、2（当前容量）、3、4 和 6 存储单元。发电量、储能容量以及蓄水池大小都分别按比例进行建模。得到的集成成本见表 1-1，计算中采用了一个以往的（pre- WWSIS）非平滑的风力预测数据（具有地理多样性的风电场），燃气价格为 5 美元/MMBtu⊖（百万英制热单位）。

表 1-1　抽水蓄能相关性比较分析①

容 器 名 称	风电集成损耗/（美元/MW · h） （美元/MMBtu 燃气）
C0- 无 Cabin Creek 单元	10. 19
C1-1 个 Cabin Creek 单元	7. 49
C2-2 个 Cabin Creek 单元	5. 75
C3-3 个 Cabin Creek 单元	5. 34
C4-4 个 Cabin Creek 单元	4. 55
C4-6 个 Cabin Creek 单元	2. 78

① 来源：Zavadil，R. M.，（2006），《Wind Integration Study for Public Service Company of Colorado》下载于在国家可再生能源实验室：http://www. nrel. gov/wind/systemsintegration/pdfs/colorado_public_service_windintegstudy. pdf（December 5，2008）。

⊖　1Btu = 1055. 06J。——译者注

　　这个结果表明，无抽水蓄能单元时风电价格大概为 10 美元/MW·h，而使用 6 个储能单元后，价格下降到了 3 美元/MW·h （即同样费用后者能使用前者三倍的电量）。这个相关性分析表明，无论从单个集成成本的角度分析，还是从全局产值成本的立场来看，抽水蓄能单元对存储剩余风能并满足多变的用电需求具有非常大的价值。

　　Sullivan、Short 和 Blair 给美国能源部 （DOE） 补充了一篇报告，标题为《Twenty Percent Wind Energy by 2030：Increasiny Wind Energy's Contribution to U. S. Electricity Supply》[7]。Sullivan 等在报告中指出，　"在一个理想的并网发电系统中[8]，'储能'容量的集成对于系统没有很大的必要，因为电力系统对整个资源的合并消除了个体资源对储能容量的需求，此时需要满足的是整个系统发电量与负荷的负荷平衡，而不是考虑单个负荷或者单个电源间的平衡，平衡单个负荷和单个电源并不是电力系统运行问题的优化解决方式[9]。"

　　报告中所提出的 "2030 年 20% 的风电比例" 的模型并没有将储能作为系统的组成部分进行建模研究。报告认为，无论什么容量大小，从整个并网发电系统角度来看，储能对于单个个体资源都是没有必要的。但是随着系统可变性的增加，每个单个个体资源 （储能或是其他） 也需要适应并管理这些可变性，这就引出了一个非常重要的问题：电网系统什么时候需要对单个的个体资源配置储能？Sullivan 和他的同事在解决这个问题时发现，当风电在电力系统中所占比例较高的情况下，储能系统的配置将有利于更多风电的安装和投运，此时储能能力无论对整个系统还是对风力发电环节都有非常重要的意义。

　　为此，构建了 4 个发电模型，即通常情况下发电使用和不使用储能技术，以及投入 20% 风电情况下使用和不使用储能技术，并对四种情况进行了对比。结果表明，通常情况下，若不使用储能技术，使用风力发电的电网系统在 2050 年的装机容量比不使用风力发电的电网系统多出 302GW；若使用储能技术，使用风力发电的电网系统在 2050 年的装机容量比不使用风力发电的电网系统多出 351GW。因此，使用储能技术的风力发电比不使用储能技术的风力发电发展快。这几个模型表明，风力发电和储能技术正逐渐替代传统能源发电和装机方式。

　　在 "2030 年风电比例为 20%" 的案例中，结果表明，在安装一定数量的风力机后，储能技术能降低电价。有两个因素影响了价格的降低：①传统发电容量的减少；②因为储能技术能存储非高峰期风电，这使得一些原来缺少储能系统的风电场变得更有价值。这个模型预测的开发方案表明只有当风力发电能供应全国电能比例达到 15% 后，储能系统才会并入电网。

　　受科罗拉多公共服务公司委托，由美国能源部国家可再生能源实验室 （NREL） 辅助，建模并对其进行分析发现，随着风力发电的增加，储能的需要也大大增加。美国科罗拉多大学的储能研究小组研究表明，储能技术可以帮助解决关于可再生风能并网的两大基本难题：①爬坡速率挑战；②容量挑战，进一步可以划分为短时规模（小于1h）挑战和长时规模（大于1h）挑战。两种难题都能用抽水蓄能或者压缩空气储能来解决。

1.2 爬坡速率挑战

爬坡速率挑战是风电并网的短时规模挑战。Levine 和 Barnes 在 "2009 年可再生能源发电会议[10]" 上提出了产生爬坡速率的方法。如今，风力发电不再是电网唯一的可变因素，电网上的负荷也在随时发生变化。这表示：①电力人员应适应操作多样化的变电系统；②负荷和风能的波动意味着未被分配的电能必须满足负荷波动需求。作者所建立的所有模型中，并网时，风能的波动增加了电网侧负荷的波动幅度。图 1-2 中的曲线，比较了 2006 年 Ft. Collins 的负荷波动数据与 2007年前期来源于科罗拉多典型风电场的风力发电数据，该数据是使用标准能源发电算法获得的。

表 1-2 定量地描述了科罗拉多公共服务公司将要同时控制当前风电系统（1GW）和计划风电系统（1.5GW）的爬坡速率。表 1-2 中和图 1-2 反映的信息相同，都可看出在未来一年内当前系统将比设计系统产生的极端爬坡事件更少。为了适应不断增长的爬坡需求，额外的爬坡资源应与当前系统资源的相混合，如图 1-3 所示。从图中看出，当前的系统和设计出的系统都必须上下爬坡。爬坡速率取决于系统中的发电机组，可能是燃气涡轮机的几分钟，也可能是水力发电机的数小时，甚至可能是从冷起动状态开始起动的燃煤发电厂的几天。

表 1-2 爬坡事件统计 [分为当前系统（当前），系统加上 480MW 在 Peetz 站点（Peetz＋）和系统加上 480MW 在 Goblers Knob East 站点（Goblers＋）]

爬坡速率/ (MW/h)	所研究系统		
	当前	Peetz＋	Goblers＋
	时 间 数		
−1500	0	1	0
−1400	0	1	0
−1300	0	1	0
−1200	0	3	0
−1100	1	2	1
−1000	0	2	0
−900	2	17	5

（续）

爬坡速率/ （MW/h）	所研究系统		
	当前	Peetz +	Goblers +
	时　间　数		
−800	2	30	14
−700	26	50	42
−600	72	93	89
−500	178	204	195
−400	317	313	337
−300	434	463	420
−200	603	631	655
−100	1010	991	1032
0	1666	1466	1500
100	1632	1517	1537
200	1083	1060	1081
300	769	788	804
400	472	497	481
500	284	321	301
600	146	175	173
700	44	68	56
800	13	33	26
900	5	15	9
1000	1	9	0
1100	0	5	1
1200	0	1	1
1300	0	1	0
1400	0	2	0
1500	0	0	0

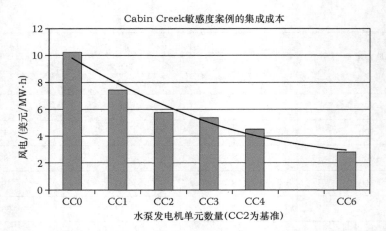

图 1-3 科罗拉多使用储能技术之后，预测风电并网损耗减小实例，抽水蓄能敏
感性案例，燃气价格为 5 美元/MMBtu（来源：Zavadil, R. M.,（2006），
《Wind Integration Study for Public Service Company of Colorado》，可以通过
国家可再生能源实验室浏览 http：//www. nrel. gov/wind/systemsintegration/
pdfs/colorado_public_service_wind-integstudy. pdf，2008 年 12 月 5 日）

　　图 1-4 中的 3 条曲线分别代表 2006 年科罗拉多公共服务公司在当前、Peetz 和
Goblers Knob 负荷下的概率密度曲线。当前曲线表示在 1GW 功率下建模，以每小
时的爬坡速率分析，8760 负荷曲线减去当前风电系统的能量。Peetz 曲线表示以每
小时的爬坡速率分析，8760 负荷曲线减去当前风电系统的能量，并且加上一个额
外的 480MW 风电能量。Goblers 曲线表示以每小时的爬坡速率分析，8760 负荷线
减去当前风电系统的能量，并且加上一个额外的 480MW 风电能量。

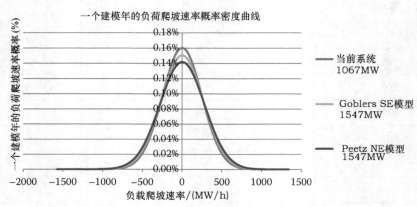

图 1-4 一个建模年的网侧负荷爬坡速率的概率密度曲线（MW/h）

（当前、Peetz 和 Goblers Knob 负荷）

图 1-4 中，这三条曲线表明：①风力发电并入电网的成分越多，爬坡现象会越极端、越频繁；②科罗拉多州东南部的储能容量比东北部多，使得爬坡事件和总爬坡量更少。忽略地点因素，并入更多风电成分，将减少操作的连续性并提高极端爬坡事件的可能性。

1.3　容量挑战

容量挑战可以看作是一种总量事件或者长时间尺度事件。当一个系统的容量发生变化时，必须通过预测和其他的信息化方案来减缓爬坡速率的挑战。例如，在炎热的夏天，在风电能量较少的情况下如何面对负荷最大值的挑战就是一个典型的容量事件。在春季负荷比较低的情况下，如何把由较多风能产生的能量转换和存储起来所面临的挑战是另一个典型的例子。

图 1-5 所示是科罗拉多公共服务公司 2006 年满足负荷运行的基本数据。负荷按照从所需的最大负荷容量到最小负荷容量进行排序。所需最大负荷容量大约为 8GW，所需的最小负荷容量约为 3GW。其中 3 种风力发电状况上文已提到。最上端的曲线代表在不考虑风力发电的情况下必须满足的负荷需求。中间那条曲线代表的是 2006 年的电网侧负荷减去 1GW 的发电量，该发电量来源于科罗拉多州用于调控当前风力系统的分布式风力发电数据。靠近底部的那条线表明科罗拉多州（当前系统）东北部 1500MW 的电网风能负荷和 Peetz 区域额外的 480MW 风能负荷之和。在科罗拉多州东南部的 1500MW 电网侧负荷代表着当前系统负荷加上 Goblers Knob 东部地区额外的 480MW 风能负荷。绘制的负荷持续曲线表明：

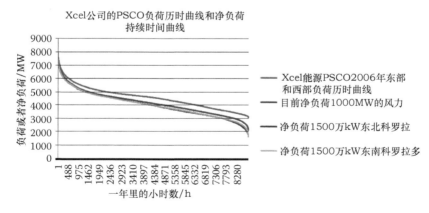

图 1-5　2006 年科罗拉多公共服务公司负荷持续曲线和
网络负荷持续曲线（风能在 1GW 和 1.5GW）

1）叠加在科罗拉多州的混合系统的风能可以减少，但是必须在满足传统发电负荷需求的情况下。

2）模型里的风能没有减少高峰时段所需的容量，但确实减少了低峰时期（基本负荷）的容量。

第二个结论是有问题的。在达到基本负荷小时数时（在3000MW以下），必须停止发电或者减少发电，在操作地区外必须进行电量出售或者进行存储。在基本负荷层次，停止或者减缓发电很可能不是一个好的选择。在基本负荷时段，在发电地区外卖掉电能将意味着浪费这些能量，甚至要面临电价减少的风险。如果在储能技术允许的情况下，存储这些能量将成为一种有效的解决方式。在 Cabin Creek 的当前容量被限制在1300MW·h和300MW的峰荷功率，而其风电场的发电量为 Cabin Creek 地区负荷容量的5倍多。从常识和经济运作的角度上来看，在集成风力过程中，当风力发电大于负荷用电时，增加 Cabin Creek 的负荷是非常具有价值的[11]。

从早期科罗拉多州风电场并网的事例中可以明显看出，大电网规模的抽水蓄能或者压缩空气储能（CAES）可以促进风力发电并入电力系统，并且允许在基本负荷上叠加额外电量。假设一种极端情况，负荷最大时正好没有风力发电，那么投资就需要包括满足峰值负荷需求的传统能源的基本建设成本，还要加上风能发电基本建设成本，并减去风电场建设能源损耗和温室气体排放限制的成本。考虑到风能源的地域多样性，产生这些情况可能性比较低。与燃气发电机这类替代方案所带来的附加成本以及减少或者切断过剩的风力能源造成的损耗相比，储能技术具有经济上的优越性。

在电网增加大量分布式的小型光伏发电系统，可以从多种方式上帮助和优化储能系统的功能。一个典型的电网将很好地从图1-6a所示的系统优化到图1-6b所示的系统。在图1-6b所示系统中很多部分使用了多种储能方式。当前，在居民住所中，电池将成为使用小型光伏系统的最有效储能途径。这样的系统可期待用来平衡从几分钟到几小时负荷短暂的波动需求。但是，按照当前的价格状况，安装大量电池以平衡并网电力系统几天或者更长时间的运行还没有应用价值。

电池使用寿命相对较短，而且价格也比较昂贵，这是小型和独立型居民光伏发电系统的主要缺陷。当前有大量聚焦于电池的研究工作正在开展，电池的寿命将会持续提升，价格将会继续降低。此外，如果拥有合适控制系统的插电式电动汽车得到大量应用，这种电动交通工具中的电池将代表一种满足负荷能源需求的新方式。基于双向通信的智能电网的投运能同时控制负荷和电源。但到底要安装多少储能系统才是经济的，以及如何考虑储能地址等问题仍在研究中。

在配电网层面上，兆瓦级的电池储能系统可期待采用钠硫电池实现，数百兆瓦级的电池储能系统也会在不久的将来得以建成应用。

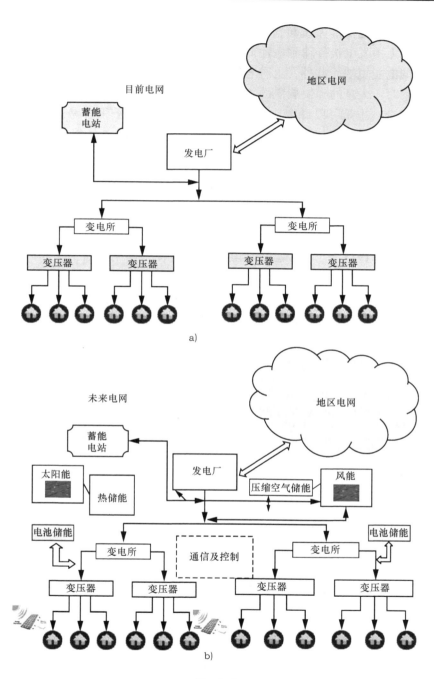

图　1-6

a）电网的典型流程原理图　b）未来的电网流程图

兆瓦级的电池储能系统可被用以延缓电力传输线的功率提升。举个例子，电能可以在晚上由发电机传输到电池储能系统（低负荷时间段）并用于补充下午高负荷时间的电能短缺。此外，这种容量的电池储能系统现在被用作减缓风电场的电能波动。对于大量的和快响应的短暂电能需求，飞轮储能系统（本书没有对其进行详细讨论）也是可以发挥作用的。热能存储系统似乎很容易适应光热系统的发展和应用，并且已被包括在许多正在建设的大工程规划中。当本书完成过程中，热泵系统和太阳能驱动制冷系统已经走向应用，并且还在持续的研究和发展中。

如果安装了大量的此类系统，它们将对空调器和一些热力负载产生负荷尖峰起到影响。对于大容量的能量存储（GW·h），抽水蓄能电站系统和压缩空气储能系统目前已经得到了使用，这两种方式在大容量储能方面的成本效益指标优良，具有巨大的应用潜能。抽水蓄能电站选址和建设需要时间、合适的地理条件，以及大量的基本建设资金。但是，这些系统拥有很长的使用寿命，它们可以有效地减少集成风能和太阳能发电并网过程中的损耗。地下压缩空气储能方式同样需要专门的地理结构进行建设，但是满足条件的地址要比新的抽水蓄能电站选址更容易，特别是在美国大平原风能资源丰富地区。

参 考 文 献

1. Gyuk, I. December 2003. EPRI–DOE Handbook of Energy Storage for Transmission and Distribution Applications. Report 1001834.
2. ERCOT Operations Report on EECP Event of February 26, 2008. www.ercot.com/meetings/ros/keydocs/2008/0313/07.ERCOT_OPERATIONS_REPORT_EECP022608_public.doc.
3. Levine, J., and L. Hansen. February 2008. Intermittent renewables in the next generation utility. Rocky Mountain Institute. Renewable Power Generation Conference, Las Vegas, NV.
4. Palmintier, B., L. Hansen, and J. Levine. 2008. Spatial and temporal interactions of solar and wind resources. Next Generation Utility, San Diego, CA.
5. Zavadil, R. May 2006. Wind Integration Study for Xcel Energy/Public Service Company of Colorado. Prepared by EnerNex Corporation, p. 78. http://www.nrel.gov/wind/systemsintegration/pdfs/colorado_public_service_windinteg study.pdf.
6. Zavadil, R. December 2008. Wind Integration Study for Xcel Energy/Public Service of Colorado. Addendum: Detailed Analysis of 20% Wind Penetration. Prepared by EnerNex Corporation, p. 45. http://www.nrel.gov/wind/system-sintegration/pdfs/colorado_public_service_windintegstudy.pdf.
7. U.S. Department of Energy. July 2008. Twenty percent wind energy by 2030: increasing wind energy's contribution to U.S. Electricity Supply. DOE/GO-102008-2567. http://www1.eere.energy.gov/windandhydro/pdfs/41869.pdf.
8. Sullivan, P., W. Short, and N. Blair. June 2008. Modeling the benefits of storage technologies to wind power. American Wind Energy Association Wind Power Conference, Houston, TX. Paper NRE/CP 67043510. http://www.nrel.gov/

docs/fy08osti/43510.pdf.

9. Ibid., p. 99.
10. Levine, J., and F. Barnes. 2009. An analysis of ramping rates and dispatch timing; matching renewable and traditional energy generation with loads. Rocky Mountain Institute, Renewable Power Generation Conference, Las Vegas, NV.
11. Xcel Energy/Public Service Company of Colorado. 2008 Wind Integration Team Final Report. http://www.xcelenergy.com/SiteCollectionDocuments/docs/CRPWindIntegrationStudyFinalReport.pdf.

其他可读的参考文献

Chen, H. H. 1993. Pumped storage. In *Davis' Handbook of Applied Hydraulics*, 4th Ed. McGraw-Hill, New York, 20.0–20.38.

DeMeo, E. A., G. Jordan, C. Kalich et al. 2007. Accommodating wind's natural behavior: advances in insights and methods for wind plant integration. *IEEE Power and Energy*, November–December, 1–9.

Denholm, P. 2008. The role of energy storage in the modern low carbon grid. DOE–EERE–NREL Energy Analysis Seminar Series, Golden, CO. http://www.nrel.gov/analysis/seminar/docs/2008/ea_seminar_june_12.ppt.

Energy Production Research Institute and U.S. Department of Energy. 2003. *Handbook of Energy Storage for Transmission and Distribution Applications*, Washington, Publication 1001834.

Energy Production Research Institute and U.S. Department of Energy. 2003. *Handbook Supplement: Energy Storage for Grid Connected Wind Generation Applications.* Washington, Publication 1008703.

Levine, J. 2007. Pumped hydroelectric energy storage and spatial diversity of wind resources as methods of improving utilization of renewable energy sources. MS Thesis, University of Colorado at Boulder. http://www.colorado.edu/engineering/energystorage/files.html.

Parsons, B., M. Milligan, J. C. Smith et al. 2006. Grid impacts of wind power variability: recent assessments from a variety of utilities in the United States. European Wind Energy Conference, Athens, Paper NREL/CP-500-39955. http://www.nrel.gov/docs/fy06osti/39955.pdf.

Roza, R. R. 1993. *Compendium of Pumped Storage Plants in the United States: Task Committee on Pumped Storage.* American Society of Civil Engineers, New York.

第 2 章　间歇性能源发电的影响

Porter Bennett，Jozef Lieskovsky 和
Brannin McBee

2.1 引言

太阳能和风能资源具有间歇性的特点，在将其电能送入电网时，增加了对化石能源发电调度的灵活性要求，造成了在某些发电厂能量利用效率异常低下。对间歇性可再生能源的利用，通常受可再生能源配置组合标准（RPS）约束，所以电网系统操作人员必须对化石能源发电进行调节，以满足可再生能源发电与负荷的匹配。采用诸如储能、天然气发电等灵活的调节手段，可以弥补风能、太阳能发电存在的间歇性、不稳定性等缺点，而与此相对照，无规律的调节输出功率也会降低燃煤设备系统效率。因此，当采用燃煤设备调节风能、太阳能发电时，能效比较低，风能和太阳能的使用比例越大，系统的能效越低。

本章的调查结果源自 Bentek 能源公司进行的一项研究计划[1]，公布于 2010 年4 月。该研究采用了全美所有装机容量超过 25MW 的燃煤发电设备和天然气发电设备的单位时间发电量、燃料消耗、污染物排放等数据。这些数据由美国环保局基于清洁空气法案和污染物持续监控体系（CEMS）收集并对外公布，针对科罗拉多公共服务公司（PSCO）和得克萨斯可靠电力委员会（ERCOT）等服务领域分析了为调控间歇性能源发电而产生的影响。

就风力发电、太阳能发电两种间歇性可再生能源形式而言，太阳能发电的应用不及风力发电广泛，因此本研究着重阐述了风力发电的影响。太阳能发电系统只有在有日光照射时才能运行，因而避免了电网负荷受限问题，从而无须燃煤电厂实施周期运行的操作。

2.2 风能、天然气、煤炭集成发电

采用风能和其他形式的能源集成发电面临一系列具有挑战性的问题。总的来说，问题的根源在于风能的不确定性以及间歇性。虽然预测模型不断进步，但是没有一个模型能够绝对准确地预测风从何时开始吹，将要持续多久。对历史数据的分析表明，在科罗拉多公共服务公司所在地区，通常是在夜间有风。图 2-1 对比了美国国家可再生能源实验室（NREL）发布的科罗拉多公共服务公司所在地区风力剖面图与该地区每日平均风力情况⊖。由图中可知，该地区一般大约在凌晨 4 点风力最大，然后开始下降，到中午前后又开始缓慢增加，一直持续到大约下午 8 点，说明最大风力通

⊖ 风力剖面图数据取自 NREL 正在开展的"西部风力资源综合研究"项目（http：//wind. nrel. gov/Web_nrel/）在 2008 年进行的一部分研究工作。PSCO 风力曲线代表了该地区 2007 年和 2008 年的日平均风力情况，取自美国联邦能源管理委员会 714 文件。

常出现在凌晨时段，而此时系统电力需求（负荷）却比较低。相反，PSCO 系统的最大电力负荷出现在下午稍晚时间和晚间较早时段（下午 2 点至 9 点）。

因为受可再生能源发电配额制（RPS）的约束，科罗拉多公共服务公司同其他公司一样将风力发电作为"必需"电力。换而言之，科罗拉多公共服务公司需要对可调电力（燃煤电厂、燃气电厂）进行合理调度，以保证尽可能地使用风电资源，而同时还不能使采用化石燃料的电厂发电量低于其最低设计负荷。

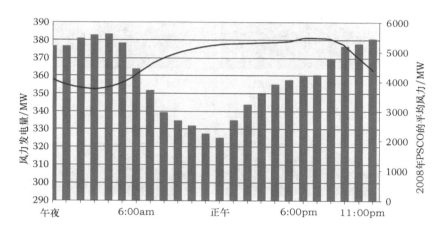

图 2-1 在晚 9 点至次日凌晨 5 点之间，风力最强而电力需求最少

（来源：NREL WWIS, FERC 714）

若风力增强，则科罗拉多公共服务公司减少其可调能源发电的上网电量，以满足风力发电的需求。当风力减小时，根据电网需求，科罗拉多公共服务公司则提高可调能源发电的上网发电量。受风力发电或者其他因素的影响，对发电厂发电量进行针对性增减的过程，称为周期运行。

电网必须接纳风力发电，这一要求会对发电机组产生影响，在不同的季节影响不同（见图 2-2）。在图中，实线表示总的电网负荷，当按照 100% 负荷运行时，该负荷可以满足 1100MW 的风电电量入网。如图 2-2 所示，在早 8 点至晚 10 点期间，火电占整个上网电力构成的比例为 49%（夏季）~60%（冬季）。因为燃气发电（来自联合循环装置和燃气轮机）足以消解风力发电产生的电网负荷波动，因此，一般情况下无须燃煤设施进行周期运行，以调节风力发电造成的电网负荷波动。在负荷高峰时期，科罗拉多公共服务公司也比较容易将过剩电量外售给附近地区的用电方，以帮助他们解决用电需求。

在晚上 10 点以后，发电方案则发生变化。

风力资源在夜间趋于最强，此时在总的电力生产中，使燃煤的发电比例接近 62%，燃气的发电比例降至 20%。若燃气的发电量不足以保证自身周期运行的安全性，则必须换由燃煤的发电厂进行周期运行。在下半夜，因为只能利用燃煤的发电来匹配及吸收风力产生的电量，所以此时科罗拉多公共服务公司必须让燃煤发电厂进行周期运行。在早上6点左右，风力开始逐渐减弱，参与周期运行的燃煤发电厂必须增加其电量输出，以满足白天开始增加的电力需求。

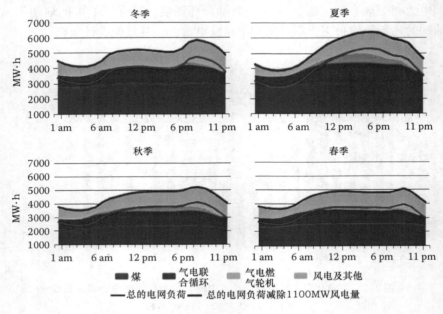

图 2-2　风力发电对电力构成格局的影响

　　科罗拉多公共服务公司还可以采用另一个措施（尽管可能在一定程度上受限）用以补偿风电的上网电量，即采用 350 MW 的抽水蓄能水力发电装置，尽最大可能调节风电上网的要求。但是，该装置即使按照最大功率运转，也仅能够连续工作 4h。

　　因为科罗拉多公共服务公司未公布其每小时风力发电量的数据[⊖]，因此很难确定风力发电对燃煤发电和燃气发电装置的影响频繁度。不过，在 2006 年度科罗拉多公共服务公司风力综合研究报告的附件中，科罗拉多公共服务公司承认风力发电对燃煤发电和燃气发电设施的影响[2,3]。在 2008 年度附属文件的附录 B 中，科罗拉多公共服务公司的阐述是："在比较火电机组的受影响程度时，Cougar 模型的结果和当前的测量数据存在差别。预测模型认为几乎不存在任何影响，但是科罗拉多公共服务公司注意到某些周期运行的影响，而且猜测是与风电输出有关[⊖]。"

⊖ Bentek 和山区各州独立石油协会（IPAMS）多次试图从科罗拉多公共服务公司获取其 2008 年度的每小时风力发电数据，但是科罗拉多公共服务公司均以数据属于商业机密为由予以回绝。

⊖ 科罗拉多公共服务公司采用 Cougar 模型评估综合集成发电对生产成本的影响。

在美国的其他地区，要求电力报告中必须包含风力发电的信息。例如，在得克萨斯州，要求得克萨斯可靠电力委员会所负责供电地区的用户每隔15min报告其发电动力来源的构成情况。在2007年、2008年和2009年的数据中，将燃煤电厂的周期运行情况与风力发电情况进行了对比。分析结果给出了燃煤电厂周期运行在以下幅度的次数，分别是300～500MW、500～1000MW以及大于1000MW范围内的次数，在相同时期内风力发电量相应的增加，如图2-3所示。

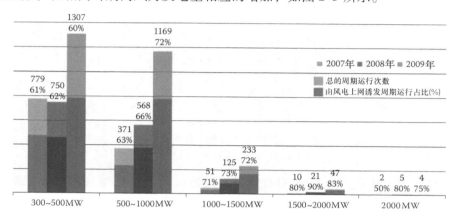

图2-3　以小时为时间间隔得克萨斯可靠电力委员会燃煤发电机组周期运行幅度的分布情况（来源：BENTEK Energy 和 CEMS）

在2009年，以15min为时间间隔，燃煤发电厂周期运行的报告显示有1307次不低于300MW，超过1000MW的记录则有284次，并且自2007年起这些数据逐年增加。尽管得克萨斯州的燃煤发电厂和风电场比科罗拉多州多，风资源类型也存在某些区别，但是这一分析结果认为，这两个系统具有充分的相似性，能够进行有效的对比。尽管得克萨斯州拥有全美最大的燃气发电基地，但燃煤发电厂周期运行的现象仍然时有发生。这更加说明科罗拉多州也会发生相同的现象。

2.3　周期运行的影响

发电厂在周期运行中将增加每兆瓦时发电量的燃料消耗。在下面将给出对第一个实例的讨论结果，与平稳运行发电相比，周期运行造成耗煤量多出22t。

图2-4描述了2007年3月17日至18日科罗拉多公共服务公司的Cheokee电厂4号机组[⊖]在晚7点至次日早9点的操作情况，该发电厂位于丹佛市附近。

⊖　Cherokee电厂位于科罗拉多州丹佛市，装机容量为717MW，其中4号锅炉为一个容量为352MW的机组。

21

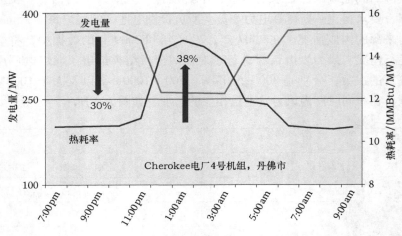

图 2-4 发电量下降对热耗率的影响
(来源：BENTEK 能源，CEMS)

　　图中，浅灰线代表电厂总的发电量；黑色线代表热耗率（单位电量对应的 MMBtu 燃料量）。从晚9点至次日凌晨1点，Cherokee 4 号机组发电量由 370MW 降至 260MW，然后至凌晨4点又升至 373MW。在此期间，发电量下降了 30%，而热耗率增加了 38%。燃煤电厂热耗率直接与周期运行相关：燃煤电厂发电量减少，热耗率开始攀升。在此周期运行开始时，由于发电量遭到抑制，因而消耗相同数量的煤炭产生了较少的电量，故热耗率增加。在电厂周期运行后期，为了将燃烧温度调至设计值，以保证锅炉在稳定状态下运转，需要消耗较多的煤炭，因而热耗率进一步升高。在周期运行结束以后的数小时，尽管与周期运行前是在同一发电水平，但是电厂热耗率略有升高。

　　如前述及，科罗拉多公共服务公司未公布其每小时的风力发电量，但是其污染物持续监控体系（CEMS）的报告公布了其每小时的燃煤电厂发电量。因此，有可能通过科罗拉多公共服务公司的燃煤热耗率推测其燃煤电厂的运行状况。图 2-5 对比了 2006 年和 2008 年所有燃煤电厂每小时热耗率与发电量之间的关系。与 2006 年度相比，2008 年的平均热耗率略有增加，由 10.45 增至 10.57，但是整体而言全系统只有轻微的变化。

　　然而，这些数据掩盖了其对某些具体设备的真实的影响效果。例如，在图 2-6 中，将 Cherokee 电厂 4 号锅炉 2006 年和 2008 年的每小时热耗率进行对比。每个浅灰点代表 2006 年和 2008 年每小时内发电量以及对应的热耗率，黑色线代表锅炉全年平均的热耗率。对比两图可知，相比于 2006 年，在 2008 年，Cherokee 电厂的操作方式使得电厂在输出不同电量时热耗率有较大的波动。为什么会有这种差别呢？

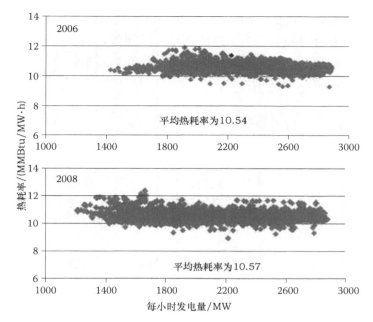

图 2-5　科罗拉多公共服务公司所有燃煤电厂 2006 年
和 2008 年热耗率与发电量的对比图

（来源：BENTEK 能源，CEMS）

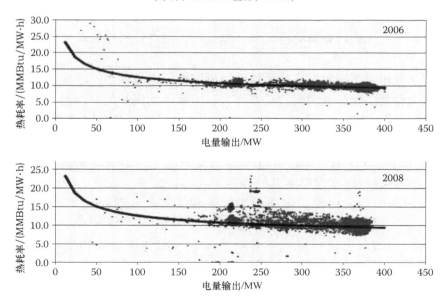

图 2-6　2006 年和 2008 年 Cherokee 电厂 4 号机
热耗率的变化情况

（来源：BENTEK 能源，CEMS）

23

就操作环境而言，从 2006 年到 2008 年，唯一明显的变化就是增加了 775MW 的风电。以下内容将对两个风电上网实例进行详细的讨论，分析结果详细地说明了风电上网如何影响 Cherokee 电厂和其他电厂的运转过程。此外，这些数据还显示，科罗拉多公共服务公司的燃煤电厂进行周期运行时，更容易使热耗率发生波动。

周期运行燃煤发电设备影响其效率，并进一步影响污染物的排放。为了说明电厂进行周期运行会导致其运行效率低，可以参考汽车的运行模式。当汽车在高挡位按照设定速度高速行驶时，同样的燃料汽车所能达到的行驶里程数最大，气体污染物排放则最小。若驾驶员不减挡而减速，汽车工作效率下降，对应汽车所能达到的行驶里程数减小，气体污染物排放加大，直至最终熄火停车。相反，若在给定挡位下行车速度过高，也会使得汽车工作效率下降，导致气体污染物过度排放，同样对应于行驶里程数下降。

燃煤电厂操作模式类似于只有一个挡位的汽车。从理论上而言，燃煤电厂都设有基本负荷，意味着若按照设计负荷运转，燃煤电厂将达到较高的运行效率（通常高于 80%），电量输出比较平稳。

燃煤锅炉被控制在特定的速度和温度下燃烧煤，气体污染物控制装置也在锅炉设定的高效率下同步工作。若电厂必须降低其电量输出，则需要减小锅炉的供煤速率，使锅炉温度降低，减少蒸气产量，从而发出较少的电量。当锅炉降低发电量时，因为耗煤量减少，所以气体污染物的排放量减少，然而事实上电厂的工作效率下降了，因此污染物的排放率（单位兆瓦发电量所排放的气体污染物）事实上提高了。

当风力发电量下降时，又要重新增加燃煤电厂电力输出，因此需要提高锅炉温度，则气体污染物排放率又进一步变大。需要增加锅炉的供煤量，才能使锅炉温度提高至参与周期运行之前的设定值。此外，当锅炉温度回到设定温度以后，气体污染物排放控制设备必须重新校准和调节，才能达到最佳工作条件。

下面给出了 5 个关于 SO_2 与 NO_X 排放受风电上网影响的实例，说明了燃煤电厂进行周期运行时如何影响其气体污染物的排放率。在每个图中，阴影区域代表某一时段内的发电量。图中的黑实线和浅实线分别代表 SO_2 与 NO_X 实际的排放水平。黑虚线和浅虚线分别表示某个月份 SO_2 与 NO_X 的平均排放率，若乘以每小时的发电量可得到"常规情况下"的气体污染物排放率。采样日期为随机选取，以充分反映电厂进行周期运行操作时其他各种影响污染物排放的因素。

【实例 2-1】这是关于 Comanche 电厂 1 号机组从 2008 年 8 月 17 日晚 7 点至 8 月 18 日凌晨 1 点，进行了降负荷周期运行操作的数据，取自 CEMS。由图中可知，该机组自晚 8 点起，发电量开始减少，在 8 点至 9 点之间降低了 4%，在 9 点至 10 点之间又降低了 1%。10 点以后，机组发电量开始增加：10 点至 11 点之间增长 4%，从 12 点至 1 点又增加 3%。然后，大约 3h 以后，SO_2 排放控制系统开始出现问题，该问题持续了整个白天，直至该日午夜才又恢复稳定。截至 8 月 18 日夜间，与按照平均排放率计算的 SO_2 排放量相比，该机组总的 SO_2 排放量增加了 16464lb[⊖]。表观上看，NO_X 控制系统工作良好，与该月 NO_X 平均排放率相比，该机组的 NO_X 排放有所减少。

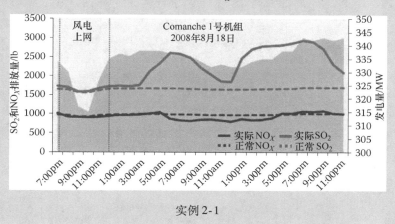

实例 2-1

【实例 2-2】 这个实例描述了 Cherokee 电厂 2 号机组在 2008 年 12 月 23 日的气体污染物排放情况，其周期运行操作的幅度更大。在夜间 11 点至午夜时段，发电量减少了 11%，至凌晨 1 点，发电量减少了 30%。值得注意是，本次发电量急剧减少直接是由风电上网引起的。图中该实例的数据也是以小时为时间单位。事实上，这些变化发生的时间间隔可能是分钟，甚至更小。与以小时为单位，降低 24% 工作负荷对系统设备造成的工作压力相比，若该变化发生于数分钟内，则产生的问题将更加明显。在工作负荷大幅度下降以后，该机组平稳运行了大约 4h，然后在凌晨 5 点至 6 点将工作负荷提高了 30%，在 7 点之前再提高 13%。由图中的数据无法确定该机组大幅度提高工作负荷是在 1h 内平稳进行还是在数分钟内快速完成。在本实例中，气体污染物控制系统工作良好：机组进行周期运行导致 SO_2 排量增加了 885lb，NO_X 排量低于平均水平。本实例说明，电厂进行周期运行对操作过程的影响相对较小。

⊖ 1lb = 0.45359237kg，后同。

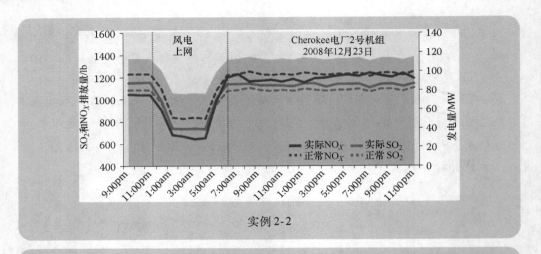

实例 2-2

【**实例 2-3**】 这个实例给出了 Cherokee 电厂 2 号机组的数据。在 2008 年 6 月 15 日凌晨 3 点至 4 点之间，机组工作负荷降低 23%；在凌晨 4 点至 5 点之间，继续降低 7%；在 5 点至 6 点之间，机组工作负荷快速增加（14%）；然后在 7 点之前再增加 20%。在该过程中，SO_2 和 NO_X 排放量分别为 3739lb 和 1094lb，这远高于按照 2008 年 6 月平均排放率计算的预期排放量。

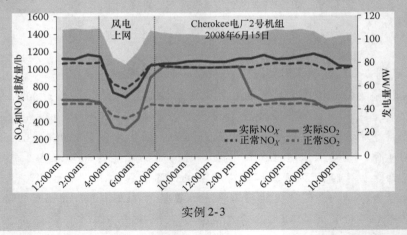

实例 2-3

【**实例 2-4**】 这个实例给出了 Cherokee 电厂 2 号机组在 2008 年 4 月 1 日的工作数据。自午夜至凌晨 1 点，机组工作负荷减少 6%，从凌晨 1 点至 2 点再降低 22%。在 2 点和 3 点之间，机组工作负荷开始增加 14%，到 4 点之前再增加 20%。在本次周期运行操作中，SO_2 和 NO_X 排放量分别为 1412lb 和 4644lb，这远高于按照 2008 年 4 月平均排放率计算的预期排放量。

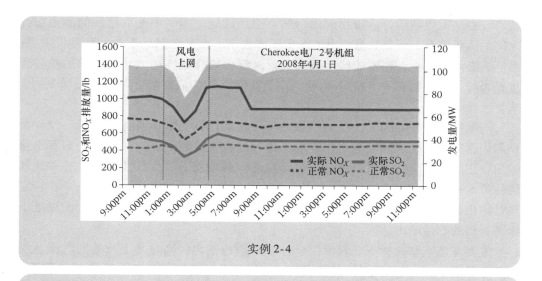

实例2-4

【实例2-5】 这个实例描述了 Cherokee 电厂4号机组在2008年5月2日当天的发电量和气体污染物排放情况。在早晨5点至6点，该机组工作负荷降低17%，然后在7点之前再降低7%。从7点到8点，机组工作负荷开始提高4%，然后到9点为止快速增加21%。在本次周期运行过程中，SO_2 和 NO_X 排放量分别为5877lb和1896lb，这远高于按照本月平均排放率计算的预期排放量。

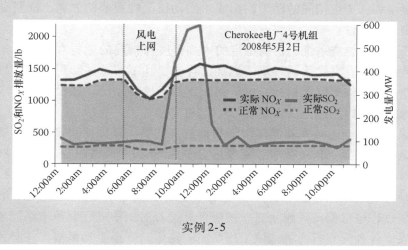

实例2-5

上述各个实例清楚地表明，燃煤电厂进行周期运行造成其气体污染物排放控制系统工作难度增加，在结束周期运行操作以后，气体污染物排放率持续数小时超过常规水平。结果还表明，即使气体排放控制系统立即回到表观上正常的工作状态，在结束周期运行后数小时内仍然会出现问题。实例中的数据不能确定彼此之间的因果关系，但是数据给出的发生频率表明，两者之间远不是一种随机关系。最后，必须认识到，还不能确定周期运行过程中操作幅度的大小、操作的快慢程度是否与上述问题有关。在2h内使工作负荷降低20%或许没有瞬间降低10%的影响更大。

与周期运行相关的气体污染物排放不稳定问题，受电厂具体的厂龄、设计类型等因素影响，也与燃煤电厂固有的操作问题有关。若燃煤电厂必须削减其电量输出，则必须减少锅炉供煤量，从而在适宜的温度下发生较少的蒸气，并能够维持低水平的NO_x排放。这并不像听起来那么简单。锅炉在设计时要求其在特定热量输出下工作，当热量输出降低时，锅炉显得太大，使其难以在预定的温度下维持合理的热量输出。

重新考虑汽车的例子。若专门设计了某辆在平坦的高速路上行驶的汽车（类比于电厂锅炉），在设计时，使其发动机和冷却系统在最佳温度下工作，以保证在特定功率输出下能量消耗和气体污染物排放水平都处于最低。如果在下坡路行驶，则在工作条件下发动机会产生过多的动力，必须将发动机节气门调小。功率输出降低后，发动机趋于在较低温度下运转，因为按照冷却系统的设计要求，应带走比当前生成热更多的热量。与之类似，当汽车爬坡行驶需要更多动力时，冷却系统未必能够对发动机进行均匀冷却。若发动机温度不均匀，将导致工作状态偏离最佳条件。发动机局部过热造成先期点火，最终导致行驶里程数下降，气体污染物排放量增加。产生相同的动力输出要求发动机消耗更多的燃料，而且还增加了气体污染物排放量。

对于复杂的燃烧系统，精确稳定的火焰温度与精确的燃料和空气泵送量相互耦合，才能维持其高效运转、清洁燃烧，若改变其工作条件却仍要求其维持高效清洁工作，则面临着巨大挑战。电厂锅炉就属于这种系统，在设计时要求其在一较窄的稳定区域内工作，以达到最大效率。

要综合控制运转效率和气体污染物排放，需要计算机控制技术，并辅助人工介入措施。在改变工作负荷时，需要进行多达50项的调整内容，以维持燃料-空气混合过程的稳定，并保证石灰浆充分吸收SO_2。尽管采用了计算机控制系统，但是精确确定某项调整内容并不总是表观上那么简单明了[4]。改变工作条件以后，燃烧过程经常偏离理想状态，按照计算过程对锅炉进行调节未必能够产生预期的结果。各种无规行为将造成工作状态不稳定，需要手动调节。在必须进行手动调节时，电厂发生不稳定运转的风险极大。气体污染物排放量发生明显变化一般源自火焰偏离理想情况，此时能效降低，火焰部分损失，在极端情况下导致全厂停车。

燃煤电厂进行周期运行操作的另一个严重后果是设备损坏。更换损坏的设备需要资本支出，将直接导致电厂维修成本增加，使用年限缩短，代价极其高昂[⊖]。这种情况对于不设有开展周期运行功能、按照基本负荷运行的电厂尤甚。因为难以精确确定周期运行过程的设备损坏所造成的资本支出，所以在规划风力发电集成应用项目支出资金时应将其包括在内。不过，迄今为止，大多数风力发电集成研究项目（包括科罗拉多公共服务公司的项目）均忽视了这项支出[5]。

对于设计为按照基本负荷运行的电厂，由于集成应用风力发电项目而开展周期运行操作，如同使按照内布拉斯加州平原路况设计的汽车在科罗拉多州的山区行驶。在此情况下，电厂燃料消耗加大，气体污染物排放量增加。从长远看来，若考虑到维修成本和生命周期缩短等因素，周期运行操作代价更大。

2.4　科罗拉多公共服务公司实例研究

前面的内容论述了火电厂进行周期运行操作造成自身运转效率下降、热耗率上升以及其他一系列危害的原理。本节内容通过讨论科罗拉多公共服务公司培训材料中详细描述的两个风电上网实例，对上述原理做进一步分析阐述。

2.4.1　数据和方法

分析过程中采用的数据决定了分析结果的可信度。CO_2、SO_2 和 NO_X 的数据取自由美国环境保护局（EPA）负责维护更新的 CEMS 数据库。电厂中所有锅炉额定功率超过 25MW 的电气设备均需要按小时汇报其锅炉的总发电量，以及 CO_2、SO_2 和 NO_X 排放数据。总发电负荷的数据取自科罗拉多公共服务公司向美国联邦能源管理委员会（FERC）报告的 714 文件。所有控制设备需要按小时提交其负荷数据。

对于任何给定系统的工程项目，714 文件报告的总发电负荷等于所有电厂汇报给 CEMS 的工作负荷加上核电、风电、水电、太阳能以及其他外购的非煤、非气、非油为原料的电量。

在科罗拉多公共服务公司内，按照小时为单位划分出风电、水电的数据是不可能的，因为美国联邦能源管理委员会没有要求科罗拉多公共服务公司汇报其超过月度和年度要求指标的风电量。在早期的一份附属文件中注意到，科罗拉多公共服务公司以数据属于商业机密为由，拒绝披露其 2008 年以小时为单位的风电数

⊖ 尽管大多数电厂组件在设计时考虑了周期运行操作的影响，但是改变工作负荷直接对供水系统、粉碎机、锅炉、洗涤器、热交换器和发电机等造成影响。过度开展周期运行操作造成的灾难性故障，通常源自设备材料疲劳、腐蚀，以及与周期运行相关的蠕变。上述故障最终或许造成全厂停车，以及支出大量资本用于更换受损设备。

据。不过，科罗拉多公共服务公司曾在两个不同日期的研究报告和培训手册中公布过以小时为单位的数据。选取的日期分别是 2008 年 7 月 2 日和 2008 年 9 月 29 日[6]。透过几天内以小时为单位的数据，有可能详细了解燃煤火电、燃气火电和风电的相互关联，以及对气体污染物排放造成的影响。

2.4.2　2008 年 7 月 2 日的风电上网实例

第一个风力发电上网实例始于 2008 年 7 月 2 日凌晨 4：15，持续至 7：45。在此期间，总的风力发电量跳升了 400%，在 90min 的时间段内，由大约 200MW 升至大约 800MW，然后在接下来的 90min 内又回落至 200MW。该实例取自科罗拉多公共服务公司的培训手册，如图 2-7 所示。图 2-7 中，燃煤发电量由浅虚线表示，黑实线代表风力发电量，浅实线代表燃气发电量，黑色的锯齿线代表区域控制误差（ACE），国家电气可靠电力委员会（NERC）用以衡量系统的可靠性。ACE 衡量全电网系统内电量过多或过少的情况，以保证整个电网负荷的安全。简言之，ACE 属于测量电网可靠性的方法。因为风电上网速度很快，因此 ACE 曲线会急速上升，此时，必须降低火电上网量，从而使 ACE 曲线回落至合理水平。

在本实例开始时，电网的燃气发电量大约为 400MW，占总电网负荷的 10%，燃煤发电量为 2500MW，占总负荷的 60%。开始有风以后，不得不削减其燃煤发电或燃气发电的发电量，以保证电网容纳风电上网。如图 2-7 所示，科罗拉多公共服务公司没有选择燃气发电，而是选择了削减其燃煤发电的工作负荷。采用该措施的目的尚不清楚，但是最有可能的解释是气电机组已经在最小设计值附近运转，因此不能再降低气电的工作负荷，以保证气电系统不发生大的风险。为了使电网系统的余量标准符合 NERC 的要求，科罗拉多公共服务公司在其电网突然接纳一定的风电量时，被迫将其燃煤发电负荷由 2500MW 削减至 1800MW，大约在 180min 以后又回到 2500MW。

为了减少燃煤发电输出，科罗拉多公共服务公司对 Cherokee、Pawnee、Comanche 等电厂开展了周期运行操作。图 2-8 给出了 2008 年 7 月 2 日从 4 点到 5 点科罗拉多公共服务公司各电厂每小时发电量的变化。所有科罗拉多公共服务公司的电厂每隔 1h 均能够增加或减少其发电量，这种每小时的变化量称为爬坡速率。

如前所述，电厂调节工作负荷超过设定的爬坡速率将使得设备承压明显，导致操作不稳定，进而可能导致设备使用寿命缩短。将图 2-8 中给出的每小时发电变化量与科罗拉多公共服务公司燃煤电厂公布的设计爬坡速率进行对比，见表 2-1。在该实例中，Cherokee 电厂在其设计的爬坡速率范围内操作；Pawnee 电厂的操作则超出了其设计速率。

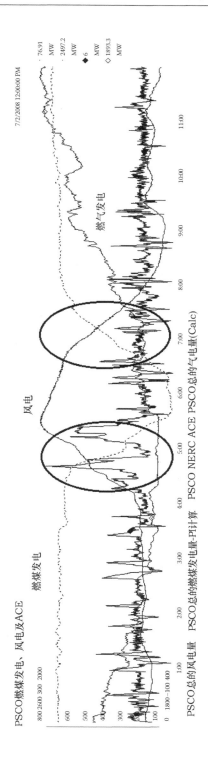

图 2-7　2008 年 7 月 2 日风电上网对 PSCO 电力系统的影响

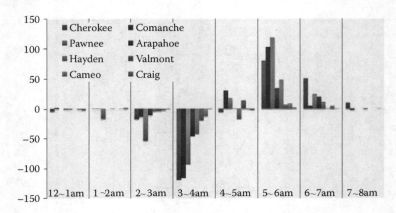

图 2-8　每小时发电量的变化（MW）

表 2-1　科罗拉多公共服务公司各电厂的爬坡速率

电 厂 名 称	动力来源	自有或IRP资源	装机容量/MW	10min 爬坡速率	
				装机容量/MW	装机容量占有率（%）
Arapahoe 3	煤炭	自有	45	6	13
Arapahoe 4	煤炭	自有	111	5	5
Cabin Creek A	HE	自有	162	95	59
Cabin Creek B	HE	自有	162	150	93
Cherokee 1	煤炭	自有	107	6	6
Cherokee 2	煤炭	自有	106	6	6
Cherokee 3	煤炭	自有	152	22	14
Cherokee 4	煤炭	自有	352	20	6
Comanche 1	煤炭	自有	325	22	7
Comanche 2	煤炭	自有	335	22	7
Fort. St. Varin	NG	自有	690	75	11
Pawnee	煤炭	自有	505	16	3
Valmont 5	煤炭	自有	186	14	8
Valmont 6	煤炭	自有	43	43	100
Arapahoe 5，6 和 7	NG	IRP	122	20	16
Blue Spruce	NG	IRP	271	81	30
Brush 1 和 3	NG	IRP	76	18	24
Brush 2	NG	IRP	68	19	28
Brush 4	NG	IRP	135	44	33

（续）

电厂名称	动力来源	自有或IRP资源	装机容量/MW	10min 爬坡速率	
				装机容量/MW	装机容量占有率（%）
Fountain Valley	NG	IRP	238	34	14
Manchief	NG	IRP	261	97	37
Rocky Mountain Energy	NG	IRP	587	103	18
Spindle Hill	NG	IRP	269	119	44
Thermo Fort Lupton	NG	IRP	279	147	53
Tristate Brighton	NG	IRP	132	55	42
Tristate Limon	NG	IRP	63	27	43
Valmont 7 和 8	NG	IRP	79	38	48

注：表中 HE 表示水电，NG 表示天然气发电。

2.4.2.1　所选科罗拉多公共服务公司电厂的爬坡速率

在本风力发电上网实例中，Cherokee 燃煤电厂的操作过程说明了燃煤机组进行周期运行操作对气体污染物排放的影响。之所以选择 Cherokee 电厂，是因为其靠近丹佛市，并且其开展周期运行的频度相对较大。该厂包括四台燃煤锅炉，夏季额定功率分别为 107MW、107MW、152MW 和 352MW。2008 年，四台锅炉的使用率分别为 75%、72%、75% 和 83%。在该风力发电上网实例中，Cherokee 电厂每小时的发电量如图 2-9 所示。在凌晨 2 点至 5 点，其发电量减少了 141MW。从 5 点至 7 点，发电量开始增加，直至上午 10 点达到一天的最大值 725MW。从上午 9 点开始直至该日结束，该电厂发电量基本保持稳定。

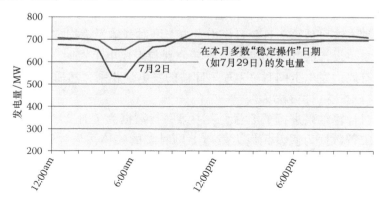

图 2-9　Cherokee 电厂实际发电量和预计发电量

该电厂在 7 月 2 日的运转性能与 7 月 29 日形成明显的对比，在后面一天电网接纳的风电量较少，因此电厂运转比较平稳。图 2-9 中的浅灰线代表了在 7 月 29 日每

33

小时的发电量。尽管在 7 月 29 日凌晨时段内发电量也有轻微的下降，但是与之对比，7 月 2 日发电量下降的幅度更加明显，有急剧减少。7 月 29 日的曲线形状，与在 7 月 2 日发生上述风力发电上网实例以后当月各天的曲线形状非常相似。在 7 月 29 日，总的发电量为 16603MW·h，与之对比，在 7 月 2 日为 16445MW·h。

评估 7 月 2 日风电上网过程对气体污染物排放的影响，第一步是计算在假设未发生该实例时的发电情况。若电厂未进行周期运行操作，则假设凌晨 3 点至 7 点之间的发电量曲线为直线，以此对发电量进行估算（见图 2-10）。该日其余时间内的发电量与 7 月 29 日风电较少时的发电量基本相同。2008 年 7 月 2 日早晨，由于风力发电上网，要求 Cherokee 电厂进行周期运行操作，最终使其电量输出减少了 363MW·h。

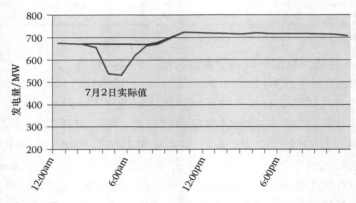

图 2-10 Cherokee 电厂 2008 年 7 月 2 日实际发电量和预计发电量

2.4.2.2 对影响气体污染物排放的估算

采用三种方法可估算 7 月 2 日风力发电上网对气体污染物排放的影响。最简单通用的方法是将设计的气体污染物排放率分别与无风电上网时（7 月 29 日）的发电量，以及有风力发电上网时（7 月 2 日）的发电量相乘，然后将风力发电上网期间的结果进行对比（即方法 A）。

表 2-2 对计算结果进行了汇总。表中第一行数据为 7 月 29 日所测量的污染物排放率；第二行数据为假设无风力发电上网时总的气体污染物排放量；第三行数据为在 7 月 2 日有风力发电上网时总的污染物排放量。由本方法估算风电上网对气体污染物排放的影响结果表明，风电上网使得 SO_2、NO_X 和 CO_2 分别减少 730lb、1386lb 和 392t（见表 2-2 中最后一行）。方法 A 的缺点在于，将所测定的稳定操作日期的气体污染物排放率代替 7 月 2 日当天实际的气体污染物排放率。如前所述，由于锅炉在进行周期运行操作时工作效率下降，因此当天实际的气体排放率比较小。

表2-2　对2008年7月2日风电上网造成气体排放减少的估算结果（方法A）

	SO$_2$/lb	NO$_X$/lb	CO$_2$/t
按照稳定操作日（7月29日）测定的气体排放率进行计算（/MW·h）	2.01	382	1.08
按照稳定日期的气体排放率进行计算，假设无风电上网（凌晨3点至早晨7点）；总发电量为3360MW·h	6754	12829	3628
按照稳定日期的气体排放率进行计算，实际发电过程（凌晨3点至早晨7点）；总发电量为2997MW·h	6025	11443	3236
减少（或增加）的排放量	730	1386	392

　　方法B是在计算过程中，将7月2日当天实际的气体排放率代替对当日气体污染物排放率的估算值。实际上，气体污染物排放率远高于方法A采用的"稳定操作"日期的排放率，故能够反映周期运行操作的影响作用。采用CEMS发布的7月2日的实际排放率进行计算，将计算结果与按照本方法计算的结果进行对比，见表2-3。结果表明，采用实际的气体污染物排放数据进行计算，Cherokee电厂进行周期运行，使得SO$_2$和NO$_X$分别多排放6348lb和10826lb，CO$_2$减少246t。方法B的缺点在于，其计算结果只针对某一具体过程的气体污染物排放情况，在本实例中是指凌晨3点至早晨7点这一时段的周期运行过程。然而，Cherokee电厂发电量突然减少然后增加，造成气体污染物排放率发生变化，其影响明显延伸到了7点以后的时间，而此时电厂已经恢复到其进行周期运行之前的发电水平。表2-4描述了周期运行过程对气体污染物排放附加的影响，因为其考虑了7月2日全天的发电量和污染物排放等数据。

表2-3　对2008年7月2日风电上网造成气体排放减少的估算结果（方法B）

	SO$_2$/lb	NO$_X$/lb	CO$_2$/t
按照稳定操作日（7月29日）测定的气体排放率进行计算（/MW·h）	2.01	382	1.08
按照7月2日实际的气体排放率进行计算（/MW·h）	4.37	7.89	1.13
按照稳定日期的气体排放率进行计算，假设无风电（凌晨3点至早晨7点）；总发电量为3360MW·h	6754	12829	3628
按照7月2日实际的气体排放率（凌晨3点至早晨7点）进行计算；总发电量为2997MW·h	13103	23655	3383
减少（或增加）的排放量	(6348)	(10826)	246

表 2-4　对 2008 年 7 月 2 日风电上网造成气体排放减少的估算结果（方法 C）

	SO_2/lb	NO_X/lb	CO_2/t
按照稳定操作日（7 月 29 日）测定的气体排放率进行计算（/MW·h）	2.01	382	1.08
按照 7 月 2 日实际的气体排放率进行计算（/MW·h）	4.37	7.89	1.13
按照稳定日期的气体排放率进行计算，假设无风电（凌晨 3 点至早晨 7 点）；总发电量为 3360MW·h	33787	64175	18151
按照 7 月 2 日实际的气体排放率（凌晨 3 点至早晨 7 点）进行计算；总发电量为 2997MW·h	71897	129799	18561
减少（或增加）的排放量	(38109)	(65624)	(410)

方法 C 给出的分析结果最精确（见表 2-4），因为其考虑了电厂进行周期运行操作造成的全部影响。最终结果说明，Cherokee 电厂在 7 月 2 日进行周期运行，即使扣除风力发电减少的气体污染物排放量，周期运行过程还是导致了更大的气体污染物排放。表 2-5 对采用三种计算方法得到的计算结果进行了汇总。若没有因为 7 月 2 日风电上网而要求科罗拉多公共服务公司 Cherokee 电厂实施周期运行操作，则可以少排放 38110lb SO_2，占该日总 SO_2 排放量的 53%，少排放 65624 lb NO_X，占该日总量的 51%，少排放 410t 的 CO_2，占该日总量的 2.2%。在 2008 年 7 月 2 日，为了利用风电而强制科罗拉多公共服务公司的 Cherokee 电厂实施周期运行操作，使得 Cherokee 电厂的污染物排放量有明显增加。此外，若换算为煤炭量，则与不进行周期运行相比，在此次风力发电上网过程中，科罗拉多公共服务公司电厂因为进行周期运行操作而多消耗 22t 煤炭。

表 2-5　按照方法 A、B 和 C 由 SO_2，NO_X 及 CO_2 排放率估算值和实际值所得计算结果汇总

	SO_2/lb	NO_X/lb	CO_2/t
方法 A			
按照 9 月 22 日的气体排放率进行计算（每 MW·h 发电量）	0.0305	0.0320	0.0110
按照实际的气体稳定排放率进行计算，晚上 8 点至凌晨 3 点	48370	50778	17457
按照稳定日期的气体排放率，晚上 8 点至凌晨 3 点	41900	43986	15122
减少（或增加）的排放量	6470	6792	2335
方法 B			
按照 9 月 22 日的气体排放率进行计算（每 MW·h 发电量）	0.0350	0.0320	0.0110
按照 9 月 28 日的气体排放率进行计算（每 MW·h 发电量）	0.0345	0.0361	0.0112
按照实际的气体排放率进行计算，晚上 8 点至凌晨 3 点	48370	50778	17457
按照稳定日期（无风电上网）的气体排放率进行计算，晚上 8 点至凌晨 3 点	47430	49580	15356

（续）

	SO$_2$/lb	NO$_X$/lb	CO$_2$/t
方法 B			
减少（或增加）的排放量	940	1198	2101
方法 C			
按照 9 月 22 日的气体排放率进行计算（每 MW·h 发电量）	0.0350	0.0320	0.0110
按照 9 月 28 日的气体排放率进行计算（每 MW·h 发电量）	0.0345	0.0361	0.0112
按照实际的气体稳定排放率进行，晚上 8 点至凌晨 3 点	160646	167926	52010
按照稳定日期（无风电上网）的气体排放率进行计算，晚上 8 点至凌晨 3 点	131823	150909	53.969
减少（或增加）的排放量	(28823)	(17017)	1.686

图 2-11 也说明，在评估周期运行过程的影响时，对过程存续时间的界定非常重要。若将凌晨 3 点至早上 7 点之间较窄的时段定义为考察区间，则周期运行过程的影响作用大大减小。但是，这一时间周期没有考虑到在实施一次明显的周期运行操作以后，需要经过较长的时间气体污染物排放水平才能复原。如前述结果所示，周期运行操作导致后续数小时内气体污染物排放量上升。显然，所采用计算方法考察的时间周期越长，越适合衡量周期运行过程产生的影响。

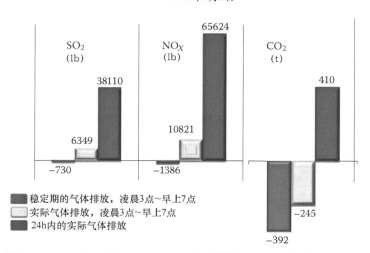

图 2-11　2008 年 7 月 2 日 Cherokee 电厂周期运行造成气体污染物排放量上升（来源：BENTEK 能源和 CEMS）

根据科罗拉多公共服务公司披露的数据，采用相同的分析方法，对其所有的燃煤电厂估算在 7 月 2 日的气体污染物排放量。结果汇总如图 2-12 所示。定义风力发电实例的影响在整个系统的存续时长为 24h（方法 C），发现与电厂不开展周期运行操作相比，7 月 2 日因为风力发电上网而使电厂进行周期运行操作，造成多排放 70141lb SO_2（占科罗拉多公共服务公司总排放的 23%），72658lb NO_X（占 27%），以及 1297t CO_2（占 2%）。

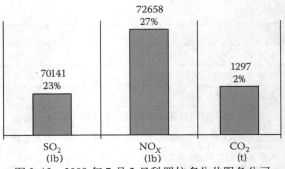

图 2-12　2008 年 7 月 2 日科罗拉多公共服务公司所有电厂周期运行造成气体污染物排放量上升

　　如图 2-13 所示，多排放的气体污染物主要来自 Cherokee、Comanche 和 Pawnee 三家电厂。它们均靠近丹佛市，因此将对弗朗特岭周边的污染物浓度产生直接的影响。

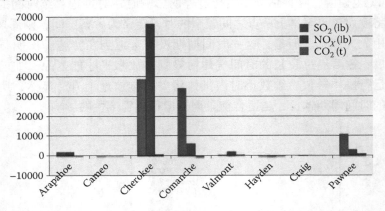

图 2-13　2008 年 7 月 2 日各电厂增加的气体污染物排放量

2.4.2.3　关于 2008 年 7 月 2 日风力发电上网实例的结论

　　2008 年 7 月 2 日风力发电上网，导致科罗拉多公共服务公司全系统多排放 SO_2 70141lb（占总量的 23%），NO_X 72568lb（占总量的 27%），减少了 1249t CO_2 排放（占总 CO_2 排放的 2%）。表观上看来，在 7 月 2 日为了平衡风力发电上网对电网负荷造成的影响，使得科罗拉多公共服务公司的燃煤电厂工作效率下降，运转发生异常，进而使总 SO_2、NO_X 等气体污染物的排放增加。与没有风电上网进而无需火电厂开展周期运行操作相比，即使扣除风力发电使燃煤电厂减少的污染物排放量，风力发电上网仍然会使 SO_2 和 NO_X 的排放量大幅度提高（分别为 23% 和 27%）。

2.4.3　2009 年 9 月 28～29 日的风力发电上网实例

　　本风力发电上网实例开始于 2008 年 9 月 28～29 日的夜间，如图 2-14 所示。

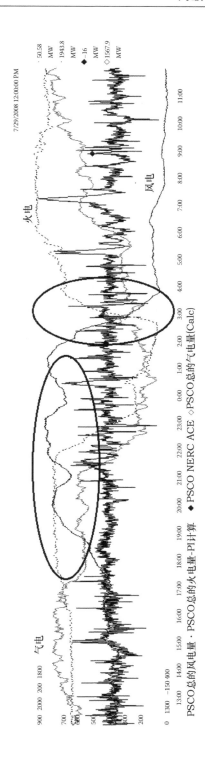

图 2-14　2008 年 9 月 28～29 日风电上网对 PSCO 电厂的影响

该图取自科罗拉多公共服务公司的培训手册。由于夜间电网总负荷减少，因此科罗拉多公共服务公司需削减其火电和气电机组的电量输出，以保证风力发电入网。在本实例开始前，科罗拉多公共服务公司的火电输出大约为 2000MW，气电为 1500MW。风力发电入网从 9 月 28 日晚间 10 点开始，一直持续至次日凌晨 2 点，其间火电输出缓慢减少，大约下降了 25%，至 1487MW，在 2 点至 4 点之间风力发电量回落至大约 50MW。与之对应的是，从 3 点开始，又开始逐渐加大燃煤发电输出，在 60min 内从大约 1500MW 增至 1900MW。

将科罗拉多公共服务公司各电厂在 2008 年 9 月 28~29 日的发电量与之前几天（9 月 22~23 日）的发电量进行对比。图 2-15 描述了两者以小时为单位的发电情况。由图中可知，9 月 28~29 日风力发电上网使得燃煤电厂发电量有明显减少。按照对 7 月 2 日风力发电上网实例的研究过程相同的处理方法，将 9 月 22~23 日相关的气体污染物排放率应用于 9 月 28~29 日的实例分析。

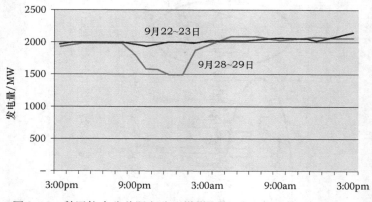

图 2-15　科罗拉多公共服务公司燃煤电厂 2008 年 9 月 28~29 日与
9 月 22~23 日的发电量对比

图 2-16 为 9 月 28~29 日为保证风电上网电厂实施周期运行操作的情况。Pawnee、Comanche 和 Cherokee 三座电厂开展周期运行操作，以平衡电网负荷。将所有燃煤电厂在实际发生过程中少发的电量进行加和汇总，结果如图 2-17 所示。估算认为，在晚 8 点到次日凌晨 4 点之间，本次风电上网过程使燃煤电厂少发电大约为 2122MW·h。

采用前面描述的三种计算方法对产生的气体污染物排放量进行估算，结果见表 2-5。计算结果表明，与 7 月 2 日的实例相同，若将 9 月 29 日增加的气体污染物排放（在风力发电衰落、燃煤发电恢复正常工作以后）考虑在内，与开展周期运行相比，本次风力发电上网过程导致电厂多排放 SO_2 28823lb，NO_x 17017lb（分别占当天 SO_2 和 NO_x 总排放量的 18% 和 10%）。另一方面，与以往 9 月 29 日相同上网风电量条件下的结果进行对比，该周期运行过程使 CO_2 少排放 1686t（占总量

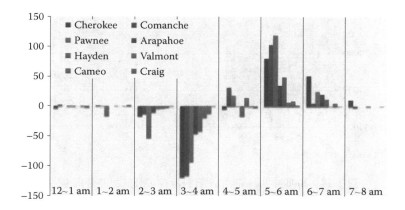

图2-16　2008年9月28～29日每小时发电量的变化

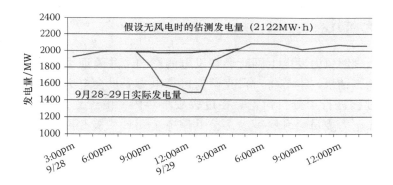

图2-17　2008年9月28～29日若无风电上网影响的估测发电量

的3.2%）。

基于方法C计算的气体污染物排放分布情况，如图2-18所示。实际上，多排放的SO$_2$和NO$_X$均来自Pawnee和Cherokee两个电厂。Arapahoe、Hayden和Comanche等电厂的NO$_X$排放也都有小幅减少。

2.4.4　科罗拉多公共服务公司实例分析的结论

本节的实例分析结果说明，电网为了接纳间歇性"必需"电力，要求燃煤设备进行周期运行操作以平衡电网负荷，造成电厂在周期运行期间及以后的数小时运转效率下降，进而导致多数电厂气体减排效率严重下降，甚至很多电厂额外增加了气体污染物排放。电网系统在接纳间歇性新能源发电上网时，需要配合使用储能和天然气发电等灵活的电力形式，从而真正实现污染物的减排。

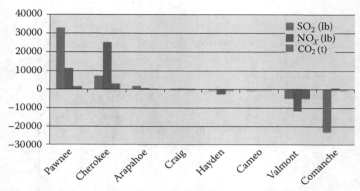

图 2-18　2008 年 9 月 28～29 日科罗拉多公共服务公司电厂
气体污染物排放变化量分布情况

2.5　科罗拉多公共服务公司和得克萨斯可靠电力委员会电力系统对比

为了深入理解风力发电上网对燃煤发电的影响，并验证由科罗拉多公共服务公司得到的调查结果，本节将对得克萨斯可靠电力委员会电力系统的燃煤发电开展周期运行过程进行了分析讨论。在过去数十年内，由于立法要求及激励机制，得克萨斯可靠电力委员会和科罗拉多公共服务公司均积极开展风电业务。对于两个电力系统而言，风电均属于必需接纳的电力，但是在得克萨斯可靠电力委员会系统内，因为其风力资源更大，所以开展降负荷周期运行操作更加频繁，并且风力发电上网使得电力系统满负荷运行，因而容易造成电网可靠性变差。所以，由操控中心对两个电力系统进行控制，在不破坏可靠性标准的前提下尽可能多地使用风力发电。然而，除了相似性，两者之间的区别更值得关注。得克萨斯可靠电力委员会电力系统的气电装机容量远大于科罗拉多公共服务公司，并被要求发布其详细的风力发电数据。因此根据 CEMS 系统发布的数据，将能够对风力发电上网的影响进行精确的分析，从而方便于更好地了解风力发电入网对燃煤电厂气体污染物排放的影响。

2.6　得克萨斯可靠电力委员会电力系统内风能、燃煤发电及燃气发电的相互影响

本节将对得克萨斯州得克萨斯可靠电力委员会区域内风能、燃煤发电和燃气发电的相互影响进行考察，并用于进一步验证根据科罗拉多公共服务公司得到的调查结果。尽管得克萨斯可靠电力委员会系统内风电、燃气发电和燃煤发电的操

作规模均大于科罗拉多公共服务公司，但是影响过程却是相同的。因为风发生于夜间，而此时燃气发电在得克萨斯可靠电力委员会系统总负荷中的占比较小，所以要求燃煤电厂开展周期运行，结果与不进行周期运行相比，造成系统排放出了更多的 SO_2、NO_x 和 CO_2。

得克萨斯可靠电力委员会电力系统每隔 15min 发布一次其风能、燃煤发电、核电、燃气发电和水电的数据。此外，可以从 CEMS 系统取得其每小时发电量和污染物排放的数据。采用得克萨斯可靠电力委员会系统间隔 15min 发布的数据和 CEMS 系统间隔 60min 的数据，可以确定周期运行操作对气体污染物排放的影响。

采用与分析科罗拉多公共服务公司相同的方法计算得克萨斯可靠电力委员会系统风力发电上网对气体污染物排放的影响。仅有的一点不同是，可以获得间隔 15min 的发电数据，因此能够更加精确地对风力发电上网时燃煤电厂的周期运行过程进行计算。在对得克萨斯可靠电力委员会电力系统开展分析时，选择燃煤电输出减少量不低于 10%，而同时风电负荷有相应数量增加的风力发电上网实例作为分析对象。本节将对得克萨斯可靠电力委员会系统开展周期运行操作的频率进行了考察，并就一个时间跨度为 1 天的实例开展了分析研究。

2.6.1　燃煤发电和燃气发电实施周期运行的频率

得克萨斯可靠电力委员会系统的燃煤电厂根据风力发电情况适时进行周期运行操作。图 2-19 所示为 8 天的操作实例，显示了这种工作机制。由图 2-19 中可知，在每天晚间 9 点至次日凌晨 5 点风力发电量增加时，燃煤发电量减少。在某些

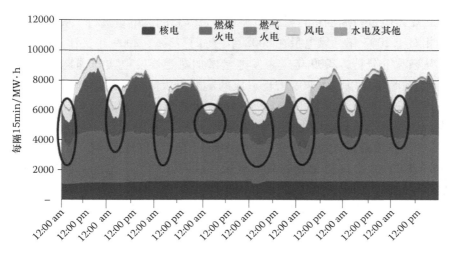

图 2-19　2008 年 11 月 5 ~ 12 日风力发电量增加造成燃煤电厂
进行周期运行操作（来源：CEMS，BENTEK 能源）

天，如11月9日和10日，燃煤发电量下降非常明显。但是即使在某些天（如11月8日）风力发电量有限的情况下，风力发电似乎仍然迫使一定数量的燃煤火电下网。

图2-20显示了风力发电影响燃煤发电进行周期运行操作的频度。图中，柱状图的深色部分代表风力发电引发的周期运行次数，浅色阴影部分代表与风力发电不相关的周期运行次数。横坐标为周期运行幅度的大小。例如，第一列（300～500MW）代表燃煤发电量调整幅度在300～500MW范围时的次数。

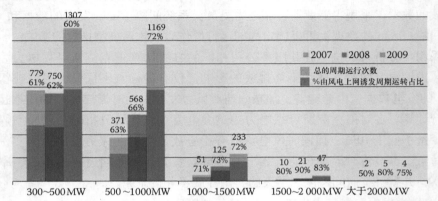

图2-20　得克萨斯可靠电力委员会系统燃煤发电实施周期运行操作的情况
（来源：BENTEK能源和CEMS）

数据说明，在得克萨斯州，大多时候燃煤发电进行周期运行操作与风力发电有关，并且受风力发电引发的周期运行次数增长很快。图2-21将图2-20中风力发电引发燃煤发电进行周期运行操作的次数与每年总的风电量进行了关联。由图2-11可知，相对于2007年，风电量在2008年增加了73%，2009年又比2008年增加了23%。从表观上分析，2009年风力发电量增加对燃煤发电实施周期运行造成的影响程度比2008年风电量大幅度增长造成的影响更大。以上说明，风力发电的影响具有积累效应，在不考虑其他电力形式增加所造成影响的情况下，风力发电上网量越大，诱发的燃煤发电周期运行次数越多。

2.6.2　对气体污染物排放的影响：J. T. Deeley 电厂的实例研究

2008年11月8日和9日的数据显示，这两天的发电情况具有较大差别。图2-22显示了这两天的电力构成情况。由图中可知，在11月8日早晨，风力发电比例很小。风电量占当日总发电量的2%。因此，从早晨至晚间，燃煤发电输出一直比较平稳。大约从11月8日的晚上8点开始，风力发电开始上网，直至11月9日早晨7点达到峰值。11月9日全天风能都比较强，占当日总发电量的12%。该日内，燃煤发电一直实施周期运行操作以平衡风力发电对电网的影响。

选取其中一家燃煤电厂，以其说明燃煤发电进行周期运行操作的影响。J. T. Deeley 电厂是11月8～9日参与调节风力发电上网影响的电厂之一。图2-23

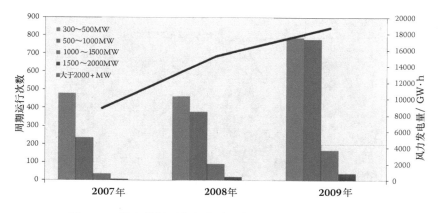

图 2-21　得克萨斯可靠电力委员会风电上网诱发燃煤发电
周期运行情况与风力发电量的关系

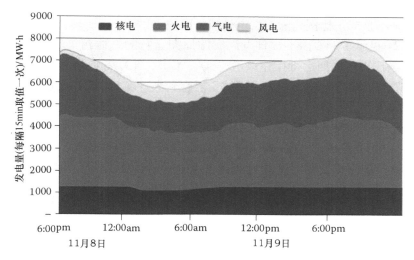

图 2-22　2008 年 11 月 8 ~ 9 日得克萨斯可靠电力委员会电力构成图
（来源：CEMS，BENTEK 能源）

描述了其每小时发电量和气体污染物排放情况。由图中可知，自晚上 9 点开始，该电厂外输电量有巨大减少。在电厂开始周期运行以后直至从大约凌晨 4 点发电量开始上升，SO_2 排放量随着发电量减少而下降。其后，SO_2 排放量随着发电量上升而增加，在 7 点左右发电量达到峰值时，但是 SO_2 排放量未恢复到平稳状态。

在接下来的一天内，该电厂发电量维持在了 199 ~ 178MW（比实施周期运行之前低 10MW），但是直至晚上 9 点，SO_2 排放才最终跟随发电量减少而降低。其间，SO_2 排放量与电厂实施周期运行之前相比，平均高出 161lb。当电厂燃煤发电输出量减少时，NO_X 和 CO_2 两者均有小幅增加，但是随着燃煤发电输出量的回升，两者均快速回到周期运行之前的水平并保持稳定。图 2-23 中的曲线说明，气体污染

45

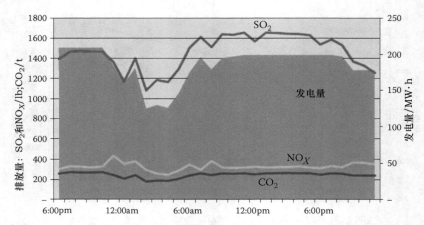

图 2-23   2008 年 11 月 8 ~ 9 日 J. T. Deeley 电厂发电量和污染物排放情况

（来源：CEMS，BENTEK 能源）

物排放率并不是成正比例地随着发电量减少而减小。

图 2-24 显示了 11 月 8 ~ 9 日电厂实施周期运行对气体污染物排放率的影响。在 Deeley 电厂进行周期运行操作以后，SO_2、CO_2、NO_x 等的排放率立即有明显上升，然后随着燃煤发电输出量复原而减少。直到当日晚间，SO_2 排放率才回到周期运行之前的水平。有趣的是，在 11 月 9 日晚上大约 10 点燃煤发电输出量开始减少时，NO_x 排放率却又开始升高。与 11 月 8 日相比，11 月 9 日气体污染物排放率明显升高。若在 11 月 9 日，Deeley 电厂的操作过程不发生变动而一直保持稳定，则当日的气体污染物排放率应该与 11 月 8 日相近。在图 2-25 中，顶部左边的线代表该电厂在 11 月 9 日不进行周期运行操作的发电情况，为 247MW。

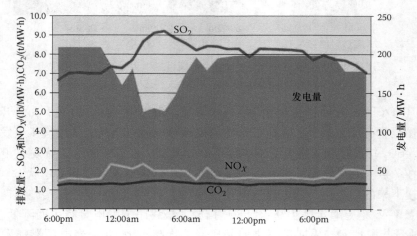

图 2-24   2008 年 11 月 8 ~ 9 日 J. T. Deeley 电厂发电量与气体污染物排放率的关系

（来源：CEMS，BENTEK 能源）

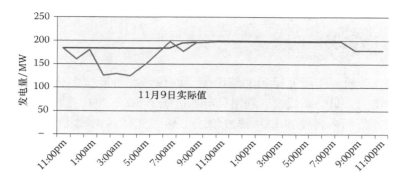

图 2-25　2008 年 11 月 9 日 J. T. Deeley 电厂的发电量

　　选用方法 C（在科罗拉多公共服务公司实例部分已进行过讨论），通过其计算周期运行过程对气体污染物排放的影响。按照在 11 月 8 日进行周期运行操作之前机组稳定操作时的排放率，计算在不进行周期运行操作时的污染物排放量，然后将其与 11 月 9 日的实际排放量进行对比。结果表明，该次周期运行过程使得 SO_2 和 NO_X 排放量分别增加了 2506lb 和 717lb，CO_2 排放量减少了 120t。与不开展周期运行而进行稳定操作相比，J. T. Deeley 电厂在风力发电上网时燃煤电厂进行周期运行操作，造成 SO_2 和 NO_X 排放量增加。由于实施周期运行操作，J. T. Deeley 电厂多排放了 8% 的 SO_2，10% 的 NO_X，不过 CO_2 排放量减少了 2%。本实例说明，与科罗拉多公共服务公司类似，得克萨斯州的燃煤电厂若按照设计要求在稳定状态下操作时，工作效率最高。进行无规律操作或使其工作状态偏离设计水平，将会造成工作效率降低，气体污染物排放水平升高。

2.6.3　关于得克萨斯可靠电力委员会系统运转过程的总结

　　之所以对得克萨斯可靠电力委员会电力系统进行研究，是因为其在燃煤发电进行周期运行时的风力发电数据可以获取，并且该系统具有较大的燃气火电装机容量。可以查取数天风电上网导致燃煤发电机组实施周期运行操作的数据，因此能够准确了解周期运行过程对气体污染物排放的影响。上网的风电量越多，对气体污染物排放的影响越强，并且影响频率越大，从而证实了根据科罗拉多公共服务公司电力系统得出的研究结果，支持"风力发电入网比例增加导致燃煤电厂实施周期运行操作的比例和频度加大"这一理论认识。此外，与不利用风力发电相比，利用风力发电导致燃煤发电实施周期运行操作，最终造成 SO_2 和 NO_X 排放明显增加，与从科罗拉多公共服务公司电力系统得出的结果相同。风力发电并入得克萨斯可靠电力委员会电网，不但没有减少系统的 SO_2、NO_X 和 CO_2 排放，相反直接导致 SO_2、NO_X 的排放增加，即使 CO_2 的减排量也比较有限。

2.7   结论和展望

通过深入分析，本研究得到的结论令人吃惊，在科罗拉多公共服务公司和得克萨斯可靠电力委员会系统内，利用风电，造成了 SO_2、NO_X 排放的增加，在科罗拉多公共服务公司内还使得 CO_2 排放增加。导致气体污染物排放升高的原因是，受可再生能源发电配额制（RPS）制约，某些州将风力发电作为电网必须接纳的电源，因此需要燃煤发电机组进行周期运行操作，以平衡电网系统负荷。当风力发电上网时，燃煤电厂（和燃气电厂）需削减其电量输出，直至风力发电降低为止，然后非风能电力形式才重新增加其电量输出，以满足现实的电力需求。燃煤电厂按照该方式开展周期运行，造成其热耗率上升，工作效率下降，与机组不实施周期运行操作相比，SO_2、NO_X 和 CO_2 排放加大。

在理解上述结论时应注意两点内容。第一，我们未发现科罗拉多公共服务公司因为燃煤电厂进行周期运行操作而违反空气排放许可的情况。科罗拉多公共服务公司实例分析结果也表明，其气体排放物未超过许可标准。而且，本研究作者也无意说明，通过外推该案例的结果，进而估测出科罗拉多公共服务公司全年的气体污染物排放量，从而认为其违反气体排放许可标准。第二点是关于所使用的数据。对得克萨斯可靠电力委员会系统进行分析时，因为电厂每小时的发电量以及电力构成（包括风力发电）都为已知，所以有可能基于燃煤发电输出急剧下降和风电量同步增加的数据对风能上网过程做精确分析。对于科罗拉多公共服务公司而言，不可能对风力发电上网过程做同样精确的分析，因为科罗拉多公共服务公司没有公布其风力发电上网时每小时发电量的数据。基于本研究过程，其他结论包括：

1）影响周期。燃煤电厂实施周期运行有短期影响和长期影响之分。研究燃煤发电与风力发电的相互作用，通常涉及周期运行问题，但是在讨论周期运行过程的影响时，多针对一个很短的时段，即电厂电量输出减少的时段。本研究的结论是，周期运行过程的影响经常持续更长的时间。在许多实例中发现，周期运行过程造成集尘器和其他气体排放控制设备脱离其标准工况，而且需要长达 12~15h，有时甚至需要 24h 的时间才能使后者恢复到实施周期运行之前的排放水平。在此期间，气体污染物排放率通常高于电厂在稳态操作下的排放水平。

2）时间。风力发电上网导致燃煤发电进行周期运行操作，似乎总发生于夜间。2008 年，在科罗拉多公共服务公司记录的周期运行过程中，接近 70% 发生于午夜 12 点至早晨 8 点之间。与之类似，在得克萨斯可靠电力委员会系统中，82% 的燃煤火电周期运行过程也发生于夜间相同的时段。

3）对非风力可再生能源的启示。燃煤发电周期运行问题似乎与太阳能和其他非风力可再生能源形式无关。因为太阳能发电在白天进行，正好与天然气发电时间吻合，所以当太阳能发电量达到峰值时，最有可能由天然气发电实施周期运行操作，以平衡电网工作负荷。

4）**电力构成**。电力构成是一个关键因素。风力发电上网引起的周期运行过程大多数发生于午夜12点至早晨8点之间。在这个时段，电网负荷最低。因此，在此期间，科罗拉多公共服务公司和得克萨斯可靠电力委员会系统只能使其基本负荷设备运转。就科罗拉多公共服务公司而言，意味着是由燃煤电厂并辅助一部分天然气联合循环发电和水电进行工作。得克萨斯可靠电力委员会系统的基本负荷包括核电、燃煤发电和联合循环发电。根据RPS要求，电网必需接纳的风力发电，当风力发电量超过了燃气发电联合循环装置的发电量时，需要由燃煤发电实施周期运行操作，因此将导致污染物排放增加。从午夜12点至早晨8点，科罗拉多公共服务公司的电力构成大致为：燃煤发电62%，燃气发电联合循环20%，以及18%的水电、风力发电和外购电能。相应地，得克萨斯可靠电力委员会系统的电力构成为：核电17%，燃煤发电40%，燃气发电联合循环28%，燃气轮机发电6%，风力发电6%，水电为0。增加基本负荷中天然气联合循环发电、电力存储等灵活发电设施的比重，将有助于电网系统在接纳风力发电时不用要求燃煤电厂开展降负荷周期运行操作。

5）**监管冲突**。本研究结果说明，RPS管控制度与科罗拉多州空气排放实施计划存在冲突。RPS标准要求尽量多利用风电资源，而不考虑低污染物排放的天然气发电设备能否满足开展周期运行操作的要求。所以，造成的现状就是，目前风力发电大约占科罗拉多公共服务公司总销售电量的9%。由于管控制度要求科罗拉多公共服务公司的风力发电比例达到其总销售电量的30%，因此，在接下来数年内风力发电量还将增加。若科罗拉多公共服务公司电力系统中没有充足比例的天然气发电量，则本研究已证明的污染物排放上升的问题将更加明显，最终将使丹佛市和弗兰特岭地区与美国国家实施计划所要求空气指标的差距进一步加大。

6）**对国家的启示**。美国国会正在考虑立法通过一项联邦RPS。尽管本研究对得克萨斯可靠电力委员会和科罗拉多公共服务公司以外的地区关注不够，但是当实施全国性的RPS时，是否会像得克萨斯可靠电力委员会和科罗拉多公共服务公司地区和其他许多州一样，制造更多气体污染物排放，非常值得怀疑。除非其他州拥有足够的天然气作为"缓冲"（在得克萨斯州，天然气发电在总装机容量中的比例最大）。若强制执行RPS指标，当风力发电比例超过天然气周期运行能力5%时，将有可能增加CO_2、NO_X和SO_2的排放量。

最后要说明的是，不应将本研究结果视为对风力发电的批评。相反，本研究建议，应改进风电开发利用模式，以保证更充分地体现风力发电的优点。现有的RPS标准要求电网必须接纳风电资源，其他发电设施必须实施周期运行操作，以平衡电网负荷。若各公用工程拥有充足可调的联网发电设施，从而避免使用燃煤发电实施周期运行，则 RPS 条款将能够得到有效执行。但是，在缺少上述条件的地区，需要有可替代方案，以避免燃煤发电实施周期运行操作。替代方案可能包括建造诸如天然气发电、储能系统等附带有可调功能的电力形式，在燃煤发电机组上安装额外的气体污染物排放控制设备以使其能够更加灵活运转，或者在操控中心更改调度顺序等。无论采用何种方案，在执行 RPS 时都必须注意，不能造成破坏大气臭氧层或恶化空气质量等问题。

参 考 文 献

1. Bentek Energy. April 16, 2020. How less became more: wind power and unintended consequences in the Colorado energy market. Evergreen, CO.
2. Zavadil, R. May 2006. Wind Integration Study for Xcel Energy/Public Service Company of Colorado. Prepared by EnerNex Corporation, p. 47. http://www.nrel.gov/wind/systemsintegration/pdfs/colorado_public_service_windintegstudy.pdf.
3. Zavadil, R. December 2008. Wind Integration Study for Xcel Energy/Public Service Company of Colorado. Addendum: Detailed Analysis of 20% Wind Penetration. Prepared by EnerNex Corporation. Appendix B.
4. Antoine, M., T. Matsko, and P. Immonen. 2000. Modeling Predictive Control and Optimization Improves Plant Efficiency and Lowers Emissions. ABB Power Systems; Telesz, R. November 2000. Retrofitting Lime Spray Dryers at Public Service Company of Colorado. Babcock & Wilcox; both presented at PowerGen International, November 14–16, 2000.
5. Vierstra, S., and D. Early. 1998. Balancing Low NO_2 Burner Air Flows through Use of Individual Burner Airflow Monitors. AMC Power; presented at PowerGen International, December 9–11, 1998.
6. PSCO. (2008, 2010). Wind Generation in PSCo Commercial Operations. Retrieved from XcelEnergy.com: http://www.xcelenergy.com/sitecollectiondocuments/docs/CRPExhibit2PSCOIntegratedReliabilityTraining.pdf.

第3章 抽水蓄能

Jonah G. Levine

3.1 基本概念

    在特定设备允许的范围内，抽水蓄能（PHES）技术可以根据电力需求存储多余的能量。能量以水克服重力而产生的势能进行存储。简而言之，需要存储能量时，水轮机将水从下游水库（后池）抽到上游水库（前池），电能转化为水的势能；需要释放能量或蓄水回流时，水流从上游水库（前池）经过水轮机流回下水库（后池），水的势能转化为电能。图 3-1 所示为简化的抽水蓄能设备。

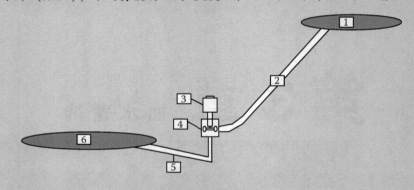

图 3-1   抽水蓄能设备线路图

1—上游水库或前池   2—压力管道   3—发电机   4—水泵水轮机   5—尾水渠   6—下游水库或后池

3.2 抽水蓄能接入电力系统的意义

    由于当前电能系统存在大量分布式的且不可调节的可再生能源，所以能对各运行区域内更大的发电量波动进行管理将变得非常重要。

    未来电网必将在发电和负荷管理中具有灵活性。世界的发电结构日趋多样化。这是减少二氧化碳排放和节约石油带来的结果。设备制造商和能源供应商应该如何管理增加的变化呢？每个运行区域需要评估其可利用资源并说明其内部的变化范围。为确保发电端和负荷之间的灵活度，需要采用一系列有效的管理措施，具体如下：

    1）提高能量效率，实现需求响应。

    2）利用发电电源的空间排布和多样性实现能量互补。

    3）通过输电和时间调节将资源推入市场。

    4）储能装置。

    5）通过提高电力设备的数据通信，整合上述步骤。

以上考虑电力系统能量灵活性的措施中，储能环节对适应能量变化是关键的一步。抽水蓄能可以方便地调节新能源发电与负荷之间的功率流动。基本负荷发电可以产生最大能量，对排放因子也影响最大。新能源发电如果要对电力生产产生的排放产生显著影响，就必须对基本负荷发电产生影响。当新能源产生的电能多于负荷需求时，需要采取一些缩减措施以减小基本负荷热力发电系统的发电量，但这一目标往往难以实现。利用抽水蓄能则可以解决这一问题，不但可以控制能量缩减变化率，还可以解决发电量波动与负载需求之间的反相关性问题。

抽水蓄能可以实现对电能的削峰填谷。这就产生一个问题，什么资源可以成为抽水蓄能的电源呢？在抽水蓄能设备抽水时，临近抽水蓄能设备的电源都可以给其供电。例如，抽水蓄能设备附近的燃煤发电或风电都可以为抽水蓄能设备供电。

电力系统中新能量的数量越多，就越有可能用新能源作为原动机驱动抽水蓄能设备。新能源在电力系统中所占比例越高，系统就应具有越大的灵活性。

新能源接入较少时，所需储能能量少，非新能源资源为储能装置供电的可能性高；新能源接入较多时，所需储能量高，新能源为储能装置供电的可能性高。因此，储能装置在电力系统降低总排放量时可以反映出排放的减少量，对于进一步发展新能源具有重要意义。

3.3　实例：Dominion Power 公司在 Bath 县的抽水蓄能电站

Dominion Power 公司发布了一个介绍 Bath 县抽水蓄能设备的视频，可以通过网络获取该视频，对抽水蓄能电站进行初步讨论[1]。以下为 Bath 县电力设备的简要介绍：

电网发电容量	2100 MW
获得许可证时间	1977 年 1 月
商业运营起始时间	1985 年 12 月
成本（1985 年）	1.7 亿美元或 810 美元/MW
所有权	Dominion Power（60%），Allegheny Power（40%）
低坝	高：135ft（约41m）；长：2400ft（约732m）；由 40 亿 yd^3（约31 亿 m^3）土石坝组成
下游水库	占地 555acre（约 2.25km^2）；运行中水面波动高度可达 60ft（约 18m）
高坝	高 460ft（约 140m）；长 2200ft（671m）；由 180 亿 yd^3（约 138 亿 m^3）土石坝组成
上游水库	占地 265acre（约 1.07km^2）；运行中水面波动高度可达 105ft（约 32m）
抽水流量	110 亿 VSgal/min（约 694m^3/s）
发电水流量	145 亿 VSgal/min（约 915m^3/s）
水轮发电机	由 Allis Chalmers 生产的 6 个 Francis 型 350MW 单机组成
单机最大抽水功率	563400hp（420127kW）

3.4　抽水蓄能效率

抽水蓄能将水抽到上游，再利用水位落差获取能量的过程中，效率并非100%。一部分用于抽水的电能无法在水从上游落下时转换回有用的电能，其主要原因在于转换过程中存在损耗，包括滚动阻力、压力管道和尾水渠中的湍流、发电机和水泵水轮机的损耗等。因此，抽水蓄能的一个循环周期的效率一般为70%~80%，这取决于设计的特性。例如，一个抽水蓄能装置的效率为80%，这就意味着每存储10个单位的能量，仅可返回8个单位的电能。表3-1所示为1970年后建造的抽水蓄能的循环效率[2]。

表3-1　抽水蓄能循环效率①

	最低（%）	最高（%）
发电部分		
水流传输	97.40	98.50
水泵水轮机	91.50	92.00
发电机	98.50	99.00
变压器	99.50	99.70
小计	87.35	89.44
抽水部分		
水流传输	97.60	98.50
水泵水轮机	91.60	92.50
发电机	98.70	99.00
变压器	99.50	99.80
小计	87.80	90.02
运行	98.00	99.50
合计	75.15%	80.12%

① 来源：Chen, H. H. 1993. Pumped storage. In Davis' Handbook of Applied Hydraulics, 4th ed. Zipparro, V. J. and H. Hansen, Eds. McGraw Hill, New York. 22.23。

3.5　美国抽水蓄能设备

图3-2所示为美国的抽水蓄能设备平面分布图。表3-2所列为2005年EPA EGRID报告中所包含的所有抽水蓄能设备（按州排列）。

54

抽 水 蓄 能　第3章

表 3-2　2005 年 EPAEGRID 报告中美国的 PHES 装置

州名缩写 PSTATABB	装置名称 PNAME	装置运营商 OPRNAME	运营所属公司名称 OPPRNAMES	装置纬度 LAT(°)	装置经度 LON(°)	发电机数量	装置容量因子数	装置铭牌容量/MW	装置年发电量/MW·h
AR	Degray	USCE- Vickburg District		34.0575	-93.1714	2	0.0997	68.0	59402.0
AZ	Horse Mesa	Salt River Project		33.3596	-112.4878	4	0.0556	129.5	63065.0
AZ	Mormon Flat	Salt River Project	US Army Corp of Engineers	33.3596	-112.4878	2	0.0490	63.5	27229.0
AZ	Waddell	Central Arizona Water Conservation Dist		33.3596	-112.4878	4	0.1531	40.0	53644.9
CA	Castaic	Los Angeles City of		34.5198	-118.6062	7	0.0254	1331.0	295809.0
CA	Edward C Hyatt	California Department of Water Resources		39.6618	-121.5917	6	0.3243	644.1	1829689.0
CA	Helms Pumped Storage	Pacific Gas & Electric Co	PG & E Corp	36.7548	-119.6397	3	-0.0097	1053.0	-89046.0
CA	J S Eastwood	Southern California Edison Co	Edison International	36.7548	-119.6397	1	0.1935	199.8	338715.0
CA	ONeill	USBR- Mid Pacific Region		37.1869	-120.7037	6	-0.1448	25.2	-31958.0
CA	Thermalito	California Department of Water Resources	US Bureau of Reclamation	39.6618	-121.5917	4	0.2450	115.1	247006.0
CA	W R Gianelli	California Department of Water Resources		37.1869	-120.7037	8	-0.1052	424.0	-390893.0
CO	Cabin Creek	Public Service Co of Colorado	Xcel Energy Inc	39.6856	-105.6370	2	-0.0299	300.0	-78446.0
CO	Flatiron	USBR- Great Plains Region	US Bureau of Reclamation	40.6650	-105.4607	3	0.2212	94.5	183097.0

（续）

州名缩写 PSTATABB	装置名称 PNAME	装置运营商 OPRNAME	运营所属公司名称 OPPRNAMES	装置纬度 LAT(°)	装置经度 LON(°)	发电机数量	装置容量因数	装置铭牌容量/MW	装置年发电量/MW·h
CO	Mount Elbert	USBR-Great Plains Region	US Bureau of Reclamation	39.1970	-106.3409	2	-0.0537	200.0	-94116.0
CT	Rocky River	Energy Capital Partners' First Light		41.7926	-73.2449	3	0.0487	31.0	13213.0
GA	Carters	USCE-Moblie District	US Army Corp of Engineers	34.7885	-84.7453	4	0.1255	500.0	549578.0
GA	Richard B Russell	USCE-Savannah District	US Army Corp of Engineers	34.1156	-82.8419	8	0.1050	628.0	5777373.0
GA	Rocky Mountain Hydro	Oglethorpe Power Corporation		343500	-85.3036	3	-0.0643	847.8	-477761.0
GA	Wallace Dam	Georgia Power Co	Southern Co	33.2722	-82.9986	6	0.0064	321.2	17885.0
MA	Bear Swamp	Brookfield Power USA	Brookfield Asset Management Inc(加拿大)	42.3693	-73.2013	2	-0.0252	600.0	-132611.0
MA	Northfield Mountain	Energy Capital Partners' First Light		42.6123	-72.4458	4	-0.0400	940.0	-329032.0
MI	Ludington	Consumers Energy Co	CMS Energy Corp	43.9984	-86.2520	6	-0.0638	1978.8	-1106241.0
MO	Clarence Cannon	USCE-St Louis District	US Army Corp of Engineers	39.5288	-91.5284	2	0.1309	58.0	66501.9
MO	Harry Truman	USCE-Kansas City District	US Army Corp of Engineers	38.2941	-93.2915	6	0.1987	161.4	280881.0
MO	Taum Sauk	AmerenUE	Ameren Corp	37.3636	-90.9764	2	-0.0665	408.0	-237594.0
NC	Hiwassee Dam	Tennessee Valley		35.1331	-84.0589	2	0.2001	165.6	290278.0
NJ	Yards Creek	Jersey Central Power&Light Co	FirstEnergy Corp	40.8488	-75.0004	3	-0.0712	453.0	-282707.0

（续）

州名缩写 PSTATABB	装置名称 PNAME	装置运营商 OPRNAME	运营所属公司名称 OPPRNAMES	装置纬度 LAT(°)	装置经度 LON(°)	发电机数量	装置容量因数	装置铭牌容量/MW	装置年发电量/MW·h
NY	Blenheim Gilboa	New York Power Authority		42.4442	-74.4419	4	-0.0491	1000.0	-429914.0
NY	Lewiston Niagara	New York Power Authority	FirstEnergy Corp	43.2015	-78.7430	12	-0.1669	240.0	-350817.0
OK	Salina	Grand River Dam Authority		36.3073	-95.2319	6	-0.0610	288.0	-153825.0
PA	Muddy Run	Exelon Energy	Exelon Corp	40.0457	-76.2523	8	-0.0663	800.0	-464490.0
PA	Seneca	FirstEnergy Generation Corp	FirstEnergy Corp	41.8160	-79.2795	3	-0.0600	469.0	-246551.0
SC	Bad Creek	Duke Carolinas LLC	Duke Energy	34.9599	-82.9185	4	-0.0641	1065.2	-598001.0
SC	Fairfield Pumped Storage	South Carolina Electric&Gas Co	SCANA Corp	34.3899	-81.1164	8	-0.0760	511.2	-340525.0
SC	Jocassee	Duke Carolinas LLC	Duke Energy	34.8831	-82.7233	4	-0.0485	612.0	-260149.0
TN	Raccoon Mountain	Tennessee Valley Authority		35.0471	-85.3975	4	-0.0446	1530.0	-597935.0
VA	Bath County	Dominion Virginia Power	Dominion	38.1937	-79.8099	6	-0.0451	2100.6	-829353.0
VA	Smith Mountain	Appalachian Power Co	American Electric Power Co	36.9927	-79.8773	5	-0.0145	547.5	-69472.0
WA	Grand Coulee	USBR-Pacific NW Region	US Bureau of Reclamation	47.9555	-118.9849	33	0.3433	6809.0	20474048.0

抽水蓄能装置在美国的分布

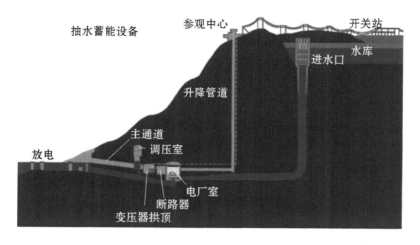

图 3-2　美国的抽水蓄能装置平面分布图

3.6　能量与功率潜力

　　抽水蓄能装置由两个基本部分组成：高度变化（head）和水。通过对高度变化和水量的估计，可以确定抽水蓄能装置的功率和能量可利用率，根据重力势能或流体功率方程可得：

$$PE = mgH \tag{3-1}$$

式中，PE 为势能（单位为 J）；m 为质量（等于体积 m^3 与密度 kg/m^3 的乘积）；g 为重力加速度（等于 $9.81kg/s^2$）；H 为水头高度（单位为 m）。

$$P = Q \times H \times \rho \times g \times \eta \tag{3-2}$$

式中，P 为发电输出功率（单位为 W）；Q 为流量（单位为 m^3/s）；H 为水头高度（单位为 m）；ρ 为流体密度，（单位为 kg/m^3）；水的密度为 $1000kg/m^3$；g 为重力加速度（单位为 m/s^2）；η 为装置效率。

　　由式（3-2）可以看出，其中可变量包括流量、水头高度和效率。选好 PHSE 设备的施工地点后，假设水头高度和效率已知，则流量成为抽水蓄能设计的关键。水头高度与流量呈反比关系：水头高度较高，则水流量可以减小；反之，若水流量增加，则水头高度可以降低。在抽水蓄能设备中，这两个变量的设计需要进行折中处理。例如，密歇根州靳丁顿抽水蓄能电站将流量设计为最大，同时选用适中的水头。在水量有限但水头高的地区，则应尽量提高水头，减小所需水量。抽水蓄能设备不消耗水量，水流随着抽水过程上下循环利用（很少量的蒸发和渗漏）。一般情况下，在需要时水流可以流回系统。

由式（3-2）还可以看出，推导设备的能量必须有水量。得到合适水流的一种方法是估算限位水库尺寸，确定其可利用的水流总量。评估完有必要接入抽水蓄能设备到能源市场后，就可以确定该市场所需的储能时间。已知流量和储能时间，储能容量除以储能时间就可以得到流速。流速也可以通过压力管道建设的经济性或当前和建设中的水道限制来确定。

对流量和水头高度的进一步估算，需要计算所提升水量的可利用总能量。在确定可利用的能量后，可以通过改变指定系统的功率来分配这些能量。简言之，假设将 1acre 面积的 1ft 深的水量抽升 1m，可以存储 3kW·h 的能量用于后期分配；将 1acre 面积的 1ft 深的水量抽升 1200ft，可以存储 1MW·h 能量用于后期分配。图 3-3 所示为势能与水量随高度增加的关系图。

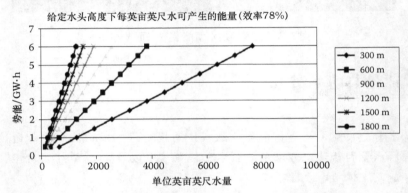

图 3-3　势能与水量随高度增加的关系图（其中 600m 以上水头
高度已超过当前技术水平）

3.7　开发

抽水蓄能电站选址具有挑战性，但这并不意味着没有适于开发抽水蓄能的地方。可以考虑一些灵活多样的开发方案。此外，还需要考虑电网中当前的能源。在一些情况下，电网运行区域需要可以回馈能量的储能装置，以实现对电力的削峰填谷。当更多变化的发电系统和负荷接入电网后，储能装置的应用可以帮助系统重新分配当前能量。

抽水蓄能电站的两个基本要求是水位变化（水头）和水，可以采取一些办法更加有利于获取水和水头。传统方法是通过地面上的水位变化获取水头。当无法获取地面上水位变化时，可以利用地表和低于地表的一个位置之间的位势变化，在地面上游和下游水库形成水头，这在矿井或地下含水层与地面水库之间通过抽水都可以实现。

利用抽水蓄能可以分配能量的优点，就可以根据能量可利用率来实时调节水流运动。这样就将抽水蓄能与电力需求响应相结合了起来。首先需要解决的问题是实现抽水计划和操作者与电能计划与操作者之间透明和定期的通信。当水量不足时，可能需要利用一些创新的计划或备用设计来提供所需水源。

例如，备用水源设计可以将抽水蓄能电站与农业用水结合起来，也可以利用天然气和石油提取工业产生的水。后者产生的水需要进化处理，满足环境标准要求后才可以使用，避免水中有机和无机污染的扩散。抽水蓄能电站的效益可以支撑水过滤处理的成本投入。这些获取水头和水的备用方案都可以考虑，将来可能需要一些工程项目去实践。

3.7.1　环境考虑

任何基于水利开发的项目都需要考虑环境问题。保持水的生态环境健康非常重要。前期对开发的多方综合考虑，可以尽量避免一些后期的问题。

开发中对环境考虑的关键在于：提高水头，减少用水量；选择离开河道的位置建造抽水蓄能电站，避免筑坝拦水。环境考虑必须以逐一评估为基础，在规划前期如果多方利益体都表明对环境有利，则可以将其看作是可以解决的问题。

3.7.2　系统组成

3.7.2.1　水库

水库在抽水蓄能系统中非常重要。水库通常包括前池和后池，是系统的储能载体。从技术设计角度、社会和环境角度看，都非常重要。水库选址的难点在于尽量使用已有的可利用水库，而不是开发新的水库。当前可以找到已建好的合适的水库，但是将来的发展仍需要建新的水库。考虑功率和能量可利用率时，可利用水头越高，水头和流量折中后所需的水库就越小来分析。

1. 上游水库

可以用不同方法进行新前池开发：河谷水库（见图 3-4）或山顶水库。河谷水库是建造在河谷上的蓄水池。河谷建筑衍生与抽水蓄能开发的共同点在于高河谷水库。其与河谷蓄水的基本观点相同，区别在于采用的是陡坡。位于科罗拉多州乔治市外的 Cabin Creek，采用的就是典型的高河谷前池水库（见图 3-5），该水库属于科罗拉多州 Xcel 能源/公共服务公司。山顶水库围绕山顶建坝，在山顶的坝内蓄水。Raccoon Mountain 前池就是典型的山顶水库（见图 3-6）。

上游水库必须有应对洪水（自然注入）和过量抽水的设计，设计溢洪道可以允许水流从水库中溢出，避免水量过多损害水库。Taum Sauk 抽水蓄能项目就曾因过量抽水且无法排水，从而出现重大故障。联邦能源管理委员会（FERC）对大坝溃决事故进行了描述。

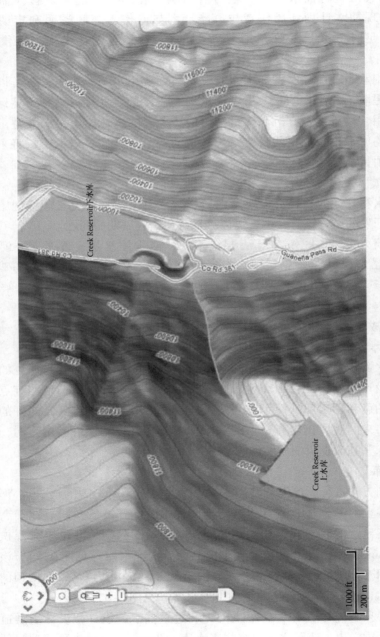

图 3-4　Xcel 能源/公共服务公司在科罗拉多州的高河谷水库 Cabin Creek 运行俯视图

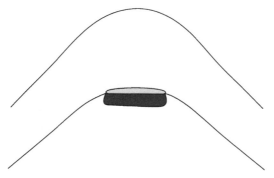

图 3-5　河谷水库简化图
（设计同样适用于高河谷水库）

事故描述：Taum Sauk 抽水蓄能项目（No. 2277）。2005 年 12 月 14 日上午 5：20，位于 Taum Sauk 抽水蓄能项目（No. 2277）西北角的 CST 上游水库坝出现故障，造成上游水库放水事故。约 4300 英亩英尺蓄水被泄放。溃口流入黑河的东叉（Taum Sauk 低坝的上游），经过一个州立公园、营地地区，然后注入下游水库。据报道，Taum Sauk 低坝出现水满溢出并受到损害。溃口从低 Taum Sauk 大坝地区开始，流到密苏里州莱斯特维尔城的黑河下游，距离低坝下游 3.5m，致使河岸的河水涨高 2ft[5]。

2005 年 12 月 14 日，该项目上游水库的破口致使设备失去控制。当水泵切断失效时，上游水库出现水满溢出。Erosion 推开堆石坝，创造破口排开水库内的水[6]。为避免出现过量抽水的危险，Kermit Paul 提出以下建议[7]：

1）抽水蓄能设施应该具有故障-安全过量抽水保护设计。

2）鉴于水位、监测控制和过量抽水保护是独立的系统，因此保护设计与水位控制系统也应是独立的。

3）设计应具有直接关闭抽水动作的功能。

4）系统应具有冗余功能。

5）系统应具备测试和校准机制。

2. 下游水库

在现有水库或溪流和河谷中可以找到下游水库或后池。后池的面积应足够大，以满足前池泄放的需求。后池的备选地点设计包括：海洋、大湖、各种地下配置、水处理池塘以及农业蓄水水库。

3.7.2.2　水道

抽水蓄能系统的水道组成包括渠首枢纽、压力管道、尾水渠和允许水流在前池和后池之间流动的调压室。

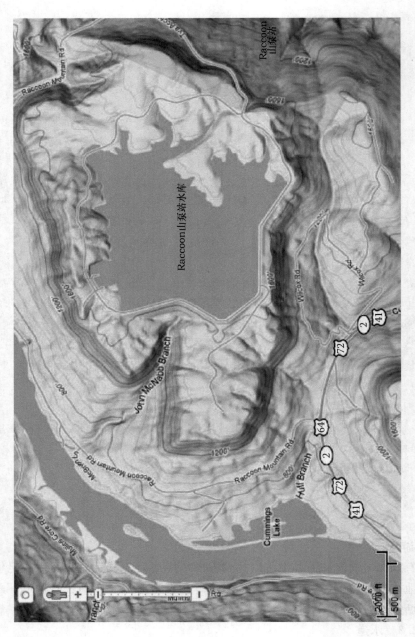

图 3-6　上游水库环堤的山切口俯视图

1. 渠首枢纽

渠首枢纽通过压力管道与前池相连，在发电模式下作为入口，而在抽水模式下作为出口。抽水蓄能设备这种双向需求就意味着水流要尽量避免双向旋涡，以实现设备效率的最大化。渠首枢纽还应包括拦污栅，以阻挡岩屑并防止其进入系统。

2. 压力管道

抽水蓄能设备中前池和透平机械之间的压力管道或主水管的设计都非常重要。一个抽水蓄能可能在地面上或地下设有单个或多个压力管道。

抽水蓄能设备选址的主要考虑因素就是降低输水管道总长度与水头比例。理想的比例是1:1，即管道总长等于水头。因此，前池布置将直接架在透平机械装置上（电动机或发电机），如图3-7所示。

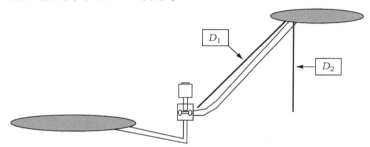

图3-7　管道总长与水头距离之比表示的基本概念图

（D_1 为管道长度，D_2 为水头距离。两者之比应小于或等于10:1。最优比例为1:1）

当 Francis 或螺旋桨型水轮机的压力管道直径大于5ft时，可以采用 Sarkaria[8] 提出的经验公式进行估算。已知压力管道直径和所需功率范围，就可以估计水流速度。

$$D = 4.44 \ (P^{0.43}/H^{0.65}) \tag{3-3}$$

式中，D 为压力管道的经济管径（单位为ft）；P 为水轮机的额定功率（单位为hp）；H 为水轮机的额定水头（单位为ft）。

水管体积与抽水蓄能单元的启动时间有直接关系。单元的起始时间应为 $1 \sim 2.4$s，且不超过 2.5s[9]。水利设施的水流启动时间等于水流经过管道流入透平机械所需时间。水流启动时间等于管道直径恒定段的长度乘以该段中水流速度的总和，再除以重力加速度和净水头，可以表示为

$$T_W = \sum LV/gh \tag{3-4}$$

式中，T_W 为水流启动时间；L 为水管直径恒定部分的长度；V 为 L 相应部分的平均流速；g 为重力加速度常数；h 为净水头。机械启动时间是指透平机械到达旋转速度并开启运行所需时间[9]。

$$T_m = (WR^2 \times n^2)/(1620000 \times P) \qquad (3-5)$$

式中，T_m 为机械启动时间；WR^2 为旋转部分重量（水轮机转轴和发电机转子）及其半径二次方的乘积；n 为与同步发电机直接相连的水轮机和发电机旋转速度；P 为水轮机额定容量（hp）。机械启动时间与水流启动时间之比（T_m/T_w）用于测量单元的稳定性。如果希望抽水蓄能单元可以跟踪负荷或集成不同的发电电源，并提供频率调节，T_m/T_w 的比值应等于或大于 5[9]。

3. 尾水管

使用反击式涡轮机时，需要与抽水涡轮机同步设计尾水管。尾水管将水从水轮机转轮带到尾水升高下端的尾水渠。尾水管允许使用全水头，便于吸入水头的使用。

4. 尾水渠

尾水渠是指后池或尾水与尾水管或透平机械之间的水管。抽水时尾水被抽到尾水渠，发电时尾水渠内水流回尾水中。

5. 调压井或调压室

调压井既可以看作是输水系统的上游，也可以看作是输水系统的下游[10]。调压井的作用是减少压力的变化，保护水管、水轮机和抽水装置。调压井允许透平发电机调节负荷。图 3-8 所示为透平机械的上游和下游调压室。

Iwabuchi 等人[11]提出，优化管理运行可以将调压室的规模降到最小，从而降低成本。调压室或调压井都考虑了水管和机械装置的阻尼机制，有必要进一步发展这些设备，为抽水蓄能运行提供灵活性。澳大利亚的一个研究组正在以此为目标，开展题为"抽水蓄能机制设计"的项目研究[12]。

该项目的研究目标是开发一种新型抽水蓄能机制（PSS）下的调压井系统，实现对新能源和波动能源接入电网带来电力需求变化的控制。新型设计中将低室分成了两室的调压井。低室分开的两部分处于不同水平，通过提升管低端的溢出槛相连。类似地，在负荷严重的情况下，水体会被分离，因而在抽水建立所需反压时可以加速尾水渠中水体。

6. 透平机械

多数抽水蓄能设计都采用 Francis 型抽水水轮机，这类设备可以抽水也可以发电，一般可以归类为反应式水轮机（见图 3-9）。也可采用独立的水泵和水轮机，该设计允许工程使用更高的水头，在发电和抽水运行过程中保持更高的技术效率。虽然可以获得更高的技术效率，但需要对效率提升带来的经济效益与投资成本之间的矛盾进行评估。该系统也可以采用冲击式水轮机和离心水泵。

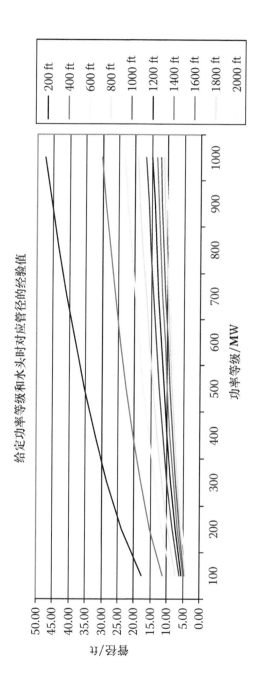

给定功率等级和水头时对应管径的经验值

图 3-8　给定功率范围与水头下,压力管道直径的经验结果

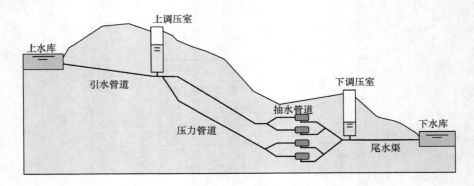

图 3-9　抽水蓄能设计中的上游和下游调压室

（来源：Garrity, J. J et al. 1985. In Handbook of Energy Systems Engineering Production and Utilization, Wiley Interscience：New York. 已获许可）

图 3-10 所示为液压反应式水轮机在运行水头范围内的水轮机流量[13]。输出功率随水头逐渐增加，流向 y 轴并从左向右流过 x 轴。超过反应式水轮机范围的水头，则采用冲击式水轮机。表 3-3 为水泵水轮机水头的限制。

表 3-3　水泵水轮机水头的限制

使　用　商		涡轮机		泵		生　产　商
		最大水头/m	最大功率/MW	最大水头/m	最大功率/MW	
单级可逆涡轮机	Ohira（Japan）	512	256	545	269	Hitachi, Toshiba
	Raccoon Mtn（US）	316	400	323	400	Allis Chalmers
	Bajina Basta（Serbia）	600	315	621	310	Toshiba
	Bath County（US）	384	457	387	420	Allis Chalmers
多级可逆涡轮机	La Coche（France）	930	79	944	80.6	Neyrpic, Vevey
	Edolo（Italy）	1224	122	1237	142	Hydroart, De Pretto Escher Wyss
	Chiotas（Italy）	1047	147	1069	160	Hydroart, De Pretto Escher Wyss
前后安装式冲击式涡轮机	San Fiorano（Italy）	1401	140	1439	106	De Pretto Escher Wyss
	Rottau（Austria）	1100	200	1100	144	Voith
前后安装式法式涡轮机	Hornburg（Germany）	625	243	625	250	Voith, Escher Wyss
	Rosshag（Austria）	672	58	736	59	Voith, Escher Wyss

图 3-11 所示为 Rodrique1[14] 发明的系统的限制与范围，该系统于 1979 年开始运行。图中给出了单阶段和多阶段可逆水泵涡轮机与冲击式和 Francis 式水轮机相串联单元的数据。

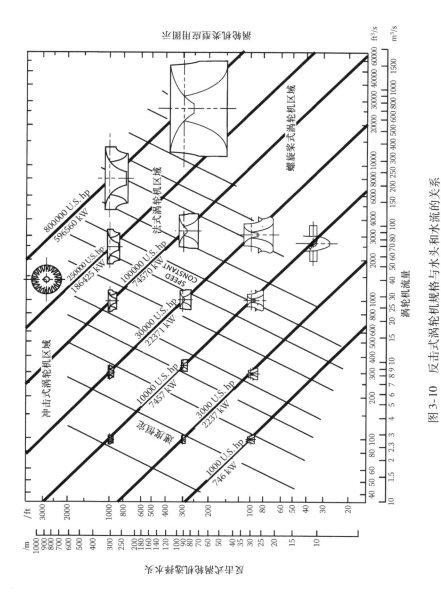

图 3-10　反击式涡轮机规格与水头和水流的关系

（来源：wabuchi, K. et al. 2006. Advanced Governor Controller for Pumped-Storage Power Plant and Its Simulation Tool. SICE-ICASE International Joint Conference. Korea. *IEEE Explore*, pp. 6064-6068. 已获许可）

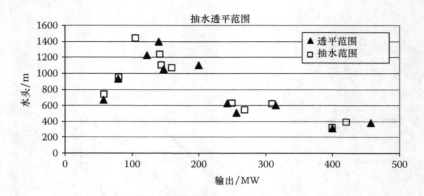

图 3-11 水泵涡轮机限制和范围（水头随输出功率的变化）

（来源：Iwabuchi，K. et al. 2006. Advanced Governor Controller for Pumped-Storage Power Plant and Its Simulation Tool. SICE-ICASE International Joint Conference. Korea. IEEE Explore，pp. 6064-6068）

3.7.2.3 冲击式涡轮机与离心水泵

在非常高的水头应用中可能会使用带独立离心水泵的冲击式涡轮机。冲击式涡轮机通过带动提升水中的能量经过喷嘴起作用，使水经过喷嘴变为喷流，改变水在涡轮叶片或斗部的方向。喷水冲击叶片转化为流体的动能，进而传送到涡轮机和/或叶轮。单独的冲击式涡轮机无法抽水，必须与独立的离心水泵配套使用。离心水泵的规格在美国垦荒局的专著[15]中有介绍。

1. 反击式涡轮机

当今多数抽水蓄能设备都使用反击式涡轮机，这类涡轮机利用反作用力起作用。与冲击式涡轮机配置不同，反击式涡轮机的喷嘴或斗连接在蜗壳上。蜗壳转动时，对应运行状态抽水或发电，水流推动机械或机械推动水流。可逆水泵涡轮机又可以分为三类：径流 Francis 型、混合斜流型和轴流型[16]。

1）轴向流动 Francis 型涡轮机也称为 Francis 型水泵式涡轮机，在抽水蓄能设备中应用最为广泛，可以处理大范围的水头——75 ~ 1300ft（20 ~ 400m）。

2）混合或斜流型涡轮机一般应用在 35 ~ 300ft（10 ~ 90m）的水头中。其设计比径流 Francis 型设计更小巧和灵活。混合或斜流单元比 Francis 型单元抽水起动时间更快，更易于适应外界的变化。尽管其规模较小，但成本相比 Francis 型高。

3）轴流水泵涡轮机一般应用在 3 ~ 45ft 的水头中。其低水头应用非常适合于潮汐运行。轴流涡轮机的效率在其运行范围内均合理。

2. 变速涡轮机

抽水蓄能设备往往具有水头效率变化大，运行中存在损耗的特点。抽水和发电模式下的优化设计点不同。为解决上述问题，双速度单元采用定子绕组安放，实现极对数的切换。这两种设置可以实现同步速。

当双速单元寻址到抽水蓄能设备的变化运行情况时，一个最近的发展可以使能速度单元。Karl Scherer 介绍了抽水蓄能中变速单元面临的机遇与挑战[17]。这些单元通过双馈发电机在励磁绕组中馈入低频电流作为异步单元运行来实现变速。变速单元可以提高水头范围内的发电效率，允许抽水运行中功率消耗变化。

参 考 文 献

1. Bath County Pumped Storage Station. *Mountain of Power*. YouTube: http://www.youtube.com/watch?v=mMvOZSVXlzI (accessed November 2010).
2. Chen, H.H. 1993. Pumped storage. In *Davis' Handbook of Applied Hydraulics*, 4th ed. Zipparro, V.J., and H. Hansen, Eds. McGraw Hill, New York.
3. http://www.consumersenergy.com/welcome.htm?/content/hiermenugrid.aspx?id=31 (Ludington, Michigan PHES).
4. Levine, J., and F. Barnes. 2010. Energy variability and produced water: two challenges, one synergistic solution. *ASCE Journal of Engineering* 136 (March 2010): 6–10.
5. Federal Energy Regulatory Commission. July 2008. Taum Sauk Report. http://www.ferc.gov/industries/hydropower/safety/projects/taum-sauk.asp.
6. Federal Energy Regulatory Commission. December 2007. Order Granting Intervention, Denying Rehearing, and Dismissing Request for Stay. Project No. 2277-005. http://ferc.gov/whats-new/comm-meet/2007/122007/H-4.pdf (accessed November 2010).
7. Paul, Kermit. November 2006. Overpumping protection systems design criteria. http://www.ferc.gov/industries/hydropower/safety/initiatives/november-workshop/over-pumping-protection.pdf.
8. Sarkaria, G. S. 1979. Economic Penstock Diameters: A 20-Year Review, *Water Power and Dam Construction*, Vol. *31*, No.11. United Kingdom.
9. Hansen, H., and Antonopoulos, G.C. 1993. Hydroelectric plants. In *Davis' Handbook of Applied Hydraulics*, 4th ed. Zipparro, V.J., and H. Hansen, Eds. McGraw Hill, New York.
10. Garrity, J.J. et al. 1985. Hydroelectric power. In *Handbook of Energy Systems Engineering Production and Utilization*, Wilbur, L., Ed. Wiley Interscience, New York, p. 1142.
11. Iwabuchi, K. et al. 2006. Advanced governor controller for pumped storage power plant and its simulation tool. *Proceedings of SICE-ICASE International Joint Conference*. Korea. IEEE, Washington, p. 6064.
12. http://www.energiesystemederzukunft.at/results.html/id4344 (Energy systems of tomorrow 2007: design of pumped storage schemes).
13. U.S. Department of the Interior, Bureau of Reclamation. 1976. *Selecting Hydraulic Reaction Turbines*. Monograph 20. http://www.usbr.gov/pmts/hydraulics_lab/pubs/EM/EM20.pdf.
14. Rodrique, P. 1979. The selection of high head pump turbine equipment for underground pumped hydro application. Pump turbine schemes: planning, design, and operation. ASME-CSME Applied Mechanics Fluid Engineering and Bioengineering Conference. Buffalo, NY.

15. Duncan, W., and C. Bates. 1978. *Selecting Large Pumping Units*. U.S. Bureau of Reclamation. Engineering Monograph 40. http://www.usbr.gov/pmts/hydraulics_lab/pubs/EM/EM40.pdf.
16. Sun, J. 1993. Hydraulic machinery. In *Davis' Handbook of Applied Hydraulics*, 4th ed. Zipparro, V.J., and H. Hansen, Eds. McGraw Hill, New York.
17. Scherer, K. 2005. Change of speed. 13th International Seminar on Hydropower Plants. http://www.waterpowermagazine.com/story.asp?storyCode=2027383.

第4章 地下抽水蓄能

Gregory G. Martin

4.1 引言

　　地下抽水蓄能电站（UPHES）是对传统的地表抽水电站的一种改造，它利用地下洞穴和水结构作为下游蓄水池。从概念上讲，这是解决储能的一种合理而且可靠的方案。大型地下抽水蓄能系统在实际设计和建设中面临很大的挑战。较小型的地下抽水蓄能系统可能更容易建造，尤其当有可供利用的地下和地表结构时。到目前为止，还没有已经建成并投入使用的商业性或其他性质的地下抽水蓄能系统。本章我们将概述地下抽水蓄能系统的概念和设计要素，包括大型系统和小型系统。

　　下游蓄水池是地下抽水蓄能系统的核心。它可以通过挖掘不同深度的地质岩来形成，也可以利用现有的含水层或者天然形成的地下含水层。地下抽水蓄能缓解了地表抽水电站所面临的诸多挑战。尽管要有合适的地下地质结构，但其不再依赖于地表结构。地下系统拥有一个垂直的水流路径，从而大大减少了横向水流所导致的损耗。由于只有一个地表蓄水池，地下装置对环境的影响要比传统的水泵系统小。地下抽水蓄能系统免除了修建新的河流大坝和地表的大型发电所，减少了对野生动物栖息地的破坏，降低了噪声。图 4-1 所示为一个挖掘的基本的大型地下抽水蓄能系统。

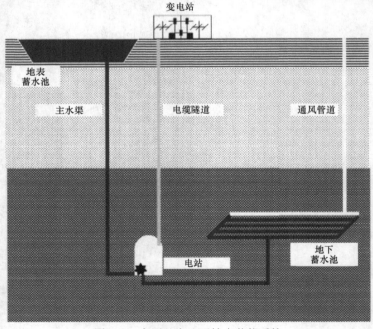

图 4-1　大型基本地下抽水蓄能系统

4.1.1　系统规模

地下抽水蓄能系统大致分为小型（10kW ~ 0.5MW）装置和大型（0.5 ~ 3000MW）装置。大型系统通常旨在满足大型城市中心变化的负荷，或者提供缓冲以使变化的可再生能源更相容。大多数大型地下抽水蓄能研究已经考虑将容量为1000 ~ 3000MW 的装置作为最经济的规模，并且基于传统燃煤电厂所提供的变化的用户负荷对其进行了经济性分析。

较小型的装置则适用于单个用户、小社区、农业或工业操作。这些小型的装置可以利用现有的地下水结构，不消耗净水（除了蒸发）。小型地下抽水蓄能的经济性规模是一个比较复杂的问题；电力成本、地层、潜水面特点、现有的基础设施、用户负荷配置以及可再生能源的有效性，这些都会影响系统规模的最优化。

4.1.2　设计概述

一般来说，一个大型系统需要在合适的地层挖掘下游蓄水池。大多数地下抽水蓄能研究选择硬质岩石（如花岗岩）作为下游蓄水池的地床，因为其具有良好的结构性能。有人提出对地下盐丘采用溶解开采从而建造一个大型地下洞穴。一个大型下游蓄水池应该是在一个受压而且狭窄的洞穴网络中挖掘，而不是在一个单一的洞穴中。这种方法改善了蓄水池挖掘的结构完整性，并且能更好地利用已有的挖掘技术。系统能够被设计为单降或双降结构。单降结构如图4-1所示。双降装置则是在主蓄水池深度的一半处使用了一个中间蓄水池。水轮机和水泵在非常高的压力下运行，其有效性和容量影响下游蓄水池的建造深度以及是否使用双降系统。然而，随着深度的增加，产生相同功率的水量会有所减少，因此设计蓄水池的深度时也要考虑其平衡关系。

式（4-1）是地下抽水蓄能的一个基本功率计算方程，它解释了深度和水流之间的关系。

此外，大型地下抽水蓄能要求主电站位于下游蓄水池下方，以消除空化作用所引起的机器寿命的缩减。地下电站要求安全人员进入地表以下很深的位置。实施地下抽水蓄能明显且主要的障碍就是要在地表以下很深处（大概是从竖硬的地下岩）挖一个大而牢固的蓄水池。地下电站应当建在不适宜人居住的位置，并且必须进行远程操控。

$$P = QH\rho g\eta \tag{4-1}$$

式中，P 是产生的功率（单位为 W），如果方程中使用马力（hp）作为功率单位，其他变量的单位也要相应改变；Q 是流量（单位为 m^3/s）；ρ 是水的密度（单位为 kg/m^3）；H 是水头的高度（单位为 m）；g 是重力加速度（单位为 m/s^2）；η 是效率。

小型地下抽水蓄能的应用研究相比于大型地下抽水蓄能要少。地下抽水蓄能的相关文献也缺乏对小型（几百千瓦）装置的研究。在一定条件下，小型地下抽水蓄能系统也可能具有经济性，并且可能利用变化的可再生能源而产生额外的效益。在某些情况，水被广泛地用于作物灌溉，而改造现有的灌溉和水井设施以适应小型地下抽水蓄能系统也许是可行的。本章后面的部分就将深入研究这样一个系统，即含水层地下抽水蓄能。

4.2 文献综述

对地下抽水蓄能系统的研究其实并不是很多。自20世纪70年代提出地下抽水蓄能的商业概念以来，相关的研究也做得很少。大多数文献和研究出现在20世纪70年代后期和80年代早期，随后在学术、政府以及个人兴趣方面都缺乏对这一问题的研究。地下抽水蓄能研究主要集中在大规模、千兆瓦级（1000MW）的系统。研究这一概念主要是将其作为一种满足负荷变化需求的方法，即要保证大型城市中心的火电厂和核电站的功率输出恒定。

一个大型地下抽水蓄能系统是一项重要的工程，需要精心策划、长期融资、先进的机械设备以及大规模的挖掘。结构的完整性以及地下硬质岩结构的详细分布，这些不确定因素都使得电站的设计规划更加复杂。由于这些原因，以前对于具体位置的地下抽水蓄能进行的分析研究，并没有促使人们投入资金和大量的精力来建立一个大型系统。

在1978年的一篇航空科学会议论文[1]中，对地下抽水蓄能的经济性以及面临的挑战做了一个很好的综述，阐明了一些基本概念和大型地下抽水蓄能系统的布局以及预期的经济规模。阿贡国家实验室的Tam、Blomquist和Kartsouns在1979年做了一个地下抽水蓄能现状、技术和市场的综述[2]。西北太平洋实验室的Allen、Doughtry和Kannberg在20世纪80年代早期也研究了这一概念[3]。这些研究工作表明，一个地下抽水蓄能系统的经济规模是在1000～3000MW之间，适合于百万人口甚至更多的大型城市。这两份报告都要求现代化的涡轮机械要有较高的压头（压力）操作能力。

1981年威斯康星州沃克莎的James L. Ramer在其被授予的美国专利中宣布，对于使用有地下盐丘的地下抽水蓄能这一概念拥有知识产权[4]。电站要使用几个周期来溶解地下盐（有时称这一过程为溶解开采）直至形成一个大型地下洞穴。然后电站继续作为抽水蓄电站和发电厂运行。

早在专利历史中，R. A. Fessenden于1907年6月7日就提出了一个"储能系统"的美国专利申请，并于1917年11月20日被授予专利（1247520号）。在专利中，Fessenden 说道：

> 此处所描述的发明是与间歇性能源相关的，尤其是自然界的间歇性能源，如太阳能、风能，并且是对其进行高效而实用的储能……
>
> 人们很早就认识到，在不久的将来，人类必然要面临能源短缺，除非研究出一些用以存储自然界间歇性能源的方法……
>
> 然而，这些能源不是持续性的，如何用一种可行的方法存储这些能源，例如其成本应低于直接使用火力发电时所需的成本。这一问题多年来困扰着大多数杰出的工程师，其中就包括 Edison、Lord Kelvin、Ayrton、Perry 以及 Brush。

Fessenden 接着描述了一些可能的方法，他通过把水从一个高度移到另一个高度来实现储能。高效而实用的储能方法，并且易于和电能相互转化，实现这种需求并不算新奇。一百多年来，人们寻找各种方法来有效地存储和分配电能。随着现代可再生能源发电的出现，大型储能的需求也更加迫切，而水泵、涡轮机以及挖掘技术方面的进步也使得这种概念更加切合实际。

1982 年在伊利诺伊州人们对一个大型地下抽水蓄能装置进行了位置分析研究。该研究注重于位置选择、隧道布局、机械、物流以及成本[5]。但该工程从未被资助建设。后来，Uddin 于 2003 年对一个提议的大型地下抽水蓄能装置进行了详细的地质分析[6]。他的研究主要是对在地下硬质岩中挖掘的下游蓄水池结构的整体性进行分析，并且说明了挖掘地下深处蓄水池时所面临的挑战。

4.3　小型（含水层）地下抽水蓄能

本节将介绍、描述并分析含水层地下抽水蓄能电站系统。含水层地下抽水蓄能是对地下抽水蓄能电站做的一种新的适应改造，即利用了地下含水层作为下游蓄水池[7]。其基本原理就是利用地表水相对于含水层或者地表下潜水面的重力势能。下面将说明该系统的设计、运行、必要的技术和组成，以及含水层的特点。

4.3.1　系统描述和运行

含水层地下抽水蓄能电站系统是通过分隔的地表蓄水池和地下含水层之间的水重力势能来储能。把水从地下水源抽到用以储能的地表蓄水池，这样能量就得以存储。然后，将地表蓄水经由涡轮机而排回水源，涡轮机用以生产电能，由此获得能量。图 4-2 所示为一个含水层地下抽水蓄能系统。该储能系统最适合于与变化的可再生能源（如风能和太阳能）串联使用，因为储能就是致力于缓冲变化的输出并可靠地供应用户的电力需求。含水层地下抽水蓄能系统的要素包括以下几点：

1）电源（太阳电池、风机、电网）。
2）地表蓄水池。
3）大容量、大流量深水井。
4）集成电机-泵涡轮发电机单元。
5）电气中心（电力电子、控制、保护）。

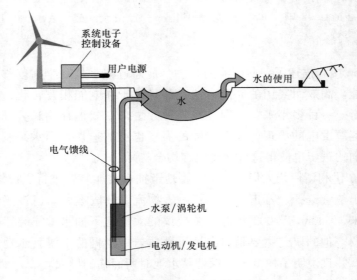

图4-2　含水层地下抽水蓄能系统

该系统的设计要使装置的功率输出能力达到最大。为此，涡轮机的效率、有效水头以及井流量都要达到最大。使用式（4-1）的流体动力方程，就可以计算出发电周期的输出功率。

图4-3画出了在功率-流量平面中水头的变化情况，其中假定涡轮机的效率是70%。计算时使用公制单位，结果转换成英制单位。该曲线表明，当水头和流量均达到最大时，输出功率也达到最大。一般来说水头取决于装置所处位置，而流量也有可能增加，接下来的部分会对其进行讨论。

除了输出功率，我们希望系统传送的能量输出也能达到最大。存储的能量取决于蓄水容量和系统的额定功率（压头、流量和效率），即

$$能量(kW \cdot h) = 功率(kW) \cdot 时间(h) \tag{4-2}$$

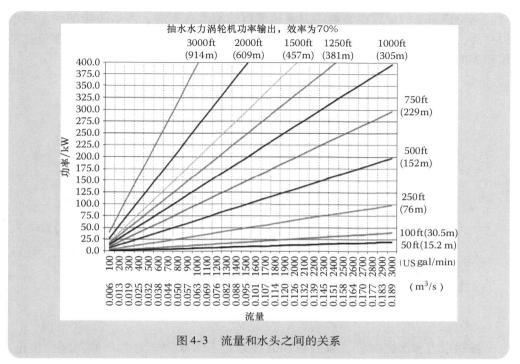

图4-3　流量和水头之间的关系

通过使水头达到最大，有望实现最大可能的能量输出。流量和蓄水池容量影响能量并受制于发电时间，它们密切相关。流量和蓄水池容量这两个量将取决于所选位置的特点以及最终的使用要求。

4.3.2　性能建模

该系统的优化设计中最重要的参数为井水头、流量和电气系统的效率。与普通井流量产出的测量相反，这里的收益参数是指所测的能够灌回含水层的流量，而不是抽出或"产出"的流量。虽然含水层回灌在美国的各类项目中都有所应用，但精确计算回灌流量的方法要比普通的泵计算复杂得多。本小节将搭建简化模型来预测一个给定水头的井的回灌流量。本小节还将分析为涡轮机提供动力的压头和将水灌回含水层的压头之间的水头配置，同时也要解决发电期间电气系统的性能和效率问题。

此系统类型最初的设计思路是使回灌流量接近井的产出量。我们对稳态流条件下的这种假设进行测试。当从井中抽水时，由于含水层材料的过滤系数有限，会形成一个下降锥。该锥体能压低泵所在的点而且不会再低。这样，井产量就被井中材料的导水率以及泵的位置所限定。图4-4右半部分画出了从井中抽水时出现的下降锥的二维效果。

当向井中注水时，由于含水层材料的导水率有限，将出现相反的情况（注射堆）。图4-4左半部分所示为注射堆。注射流速度取决于水头和含水层的过滤系数。涡轮机和泵的位置也影响注射流速度以致使水头下降，而水头能把更多的水以更高的速度"推入"含水层。也就是说，分配给涡轮机发电的水头的数量和将水流灌回含水层的水头数量之间存在一个平衡关系。

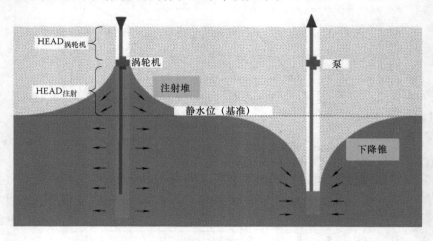

图 4-4　注射堆和下降锥

描述水力和水流参数关系的控制方程是地下水水力学对热传导问题的推论。含水层水流的地下水方程的一般形式[8]为

$$\frac{S}{T}\frac{\partial h}{\partial t} = \frac{1}{r}\frac{\partial}{\partial r}\left(r\frac{\partial h}{\partial t}\right)\tag{4-3}$$

式中，S 为存储系数；T 为过滤系数（单位为 ft^2/min 或 m^2/s）；h 为水头（单位为 ft 或 m，水位降落 $=h_{初始}-h$）；r 为井半径（单位为 ft 或 m）。

该方程可应用于承压含水层。但用该方程计算的承压含水层的水位降落和水头，可与运行在非承压含水层中的注射堆高度相互关联。若假定抽水已经很长时间，则可以使用 Theis 方程的 Cooper-Jacob 近似，式中水位降落随时间变化：

$$水位降落 = \frac{2.3Q}{4\pi T}\log\left(\frac{2.25Tt}{r^2 S}\right)\tag{4-4}$$

式中，Q 为水流（单位为 ft^3/min 或 m^3/s）。在注射堆高度（负向水位跌落）的估计目标下，可以做出以下假设：

$Q = -133.7ft^3/min$（$-0.0631m^3/s$）

$S = 0.1$（非承压含水层）或 0.0001（承压含水层）

$r = 1ft$（0.305m）

$t = 6h = 360min$

$k_T = T \div$ 含水层厚度（ft/min 或 cm/s）

当 $r = 1ft$（0.305m）时，解得井的水位降落为

$$水位降落 = \frac{2.3 \times \left(-133.7 \frac{\text{ft}^3}{\text{min}}\right)}{4\pi 2 \frac{\text{ft}^2}{\text{min}}} \log \left(\frac{2.25 \times 2 \frac{\text{ft}^2}{\text{min}} \times 360 \text{min}}{1\text{ft}^2 \times 0.1}\right)$$

$$水位降落 = 51.5\text{ft} = 15.7\text{m}$$

即注射堆升高到潜水面以上 51.5ft（约 15.7m）。该结果会有一定困难，因为井只有 200ft（约 61m）高，所以当在这种情况下注水时，要将水升高井高的 25%。尽管存储系数高的含水层在水位降落或堆高方面有所减少，但存储系数（S）对堆高影响更小。另一方面，如果过滤系数增到 $10\text{ft}^2/\text{min}$（154.8cm²/s），则堆高减小至 12ft（约 3.7m）。因此，过滤系数对注射堆高度和系统功率输出有很大的影响。

以上分析表明，含水层要有高过滤系数（高导水率）。图 4-5 所示为上述常量取不同值时的注射堆-含水层过滤系数曲线。该曲线显示了堆高随着过滤系数的增大而减小的趋势。

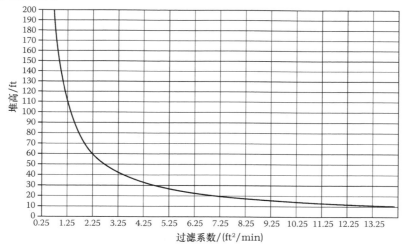

图 4-5　堆高-含水层过滤系数曲线

鉴于以上分析，就验证了最初的假设，即是否抽水产生的相同流量能够被灌回井中。该结果取决于含水层过滤系数和水深。在许多情况下，抽出的流量确实能同样灌回，但是可用于涡轮机运行的水头将会减小。在低过滤系数的含水层中，注射将会导致形成一个可能到达地表的堆形。同泵周期相比，如果基准水平面以下泵的深度与地表到基准水平面的深度相同，则注射堆将刚好到达地表，就不能用涡轮机从注射流中产生功率。

该建模练习表明，含水层地下抽水蓄能系统必须将含水层过滤系数、注射堆的高度以及水深作为主要参数来设计。过滤系数要相对大一些，以使注射堆足够低，从而为涡轮发电机保证充足的水头。在水深为 200ft（约 62m）的情况下，如果含水层过滤系数为 $6.5\mathrm{ft}^2/\mathrm{in}$（约 $100.6\mathrm{cm}^2/\mathrm{s}$），则涡轮机运行时水头将保持为 $182\mathrm{ft}$（约 $45.7\mathrm{m}$）。

这种情况可以模拟为一个简单电路，其中电压源表示总的水头势能，电阻表示涡轮机和含水层注射堆的"压头降落"。电路中的电流表示水流。涡轮机电阻与在管道和涡轮机中对水流的阻力相关。注射电阻与在含水层中的过滤系数（对水流的阻力）相关。图 4-6 所示为系统水头的电路模型。该电路模型准确地反映了设计参数之间的关系。令总水头为常数，过滤系数电阻随着注射电阻（图中的 $R_{注射}$）的减小而相应增大。保持总流量为常

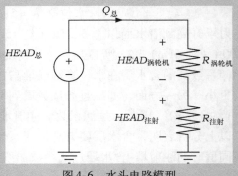

图 4-6　水头电路模型

数而增大涡轮机输出功率，则注射电阻随涡轮机电阻的增大而减小。反过来保持总水头和渗透系数为常数，则增大流量将会使注射头增大。然后，在涡轮机上将会有更多水头（电压）降落。由于流量的减少，涡轮机上总的功耗将会保持为一个常数。利用欧姆定律和流量、水头、水力电阻的控制方程之间的关系，可以算出要设计的平衡关系［见图 4-6 和式（4-5）］。线性电路（欧姆定律）基本方程为

$$HEAD_{总} = HEAD_{涡轮机} + HEAD_{注射}$$
$$HEAD_{涡轮机} = Q_{总} R_{涡轮机}$$
$$HEAD_{注射} = Q_{总} R_{注射}$$
$$POWER_{涡轮机} = Q_{总} HEAD_{涡轮机} \tag{4-5}$$

若给定与涡轮机管道系统和含水层水力学相关的电阻，则可以用式（4-5）建立流量、水头和功率输出的有关平衡关系。同时，还可以推出水力回路中过滤系数和等效电路中电阻的相互关系。电路中的可流通流量（电流）与电路中的过滤系数（电阻）是成比例的。确定电路中电阻和电导的方程为

$$R = \frac{1}{\sigma A}; \quad G = \frac{1}{R} = \frac{\sigma A}{l} \tag{4-6}$$

式中，R 为电阻（单位为 Ω）；G 为电导（单位为 S）；l 为长度（单位为 m）；σ 为电导率（单位为 S/m）；A 为面积（单位为 m^2）。过滤系数的类似方程为

$$T = \frac{kA}{r}$$
$$T = kb$$

$$T = \frac{\kappa \gamma b}{\mu} \qquad (4\text{-}7)$$

式中，T 为过滤系数（单位为 m^2/s 或 ft^2/min）；k 为导水率（单位为 m/s 或 ft/min）；A 为面积（单位为 m^2 或 ft^2）；r 为半径（单位为 m 或 ft）；b 为含水层厚度（单位为 m 或 ft）；κ 为本征渗透系数（单位为 m^2 或 ft^2）；γ 为水的密度 [$1000 kg/m^3/$（在4℃时）]；μ 为水的动态黏度（0.00089Pa/s）。比较这两组方程可知，电导可由过滤系数推导，电导率也就可以由导水率推导。过滤系数的单位为面积/时间，通常通过导水率乘以含水层厚度来计算。

接下来要推导通过井来补给流量时含水层中的过滤系数表达式。虽然此处没有该推导结果，但其应该与前面含水层的水力流的控制方程相一致。

过滤系数（T）是指，在给定的时间内，在水力梯度（例如 1ft/1ft）下流过含水层截面的水的体积 [例如，1ft 乘以含水层厚度（b）]。过滤系数是一个用来计算含水层中水流的参数，等于导水率（k）乘以含水层厚度（b），见式（4-7）所示。导水率（过滤系数也因此）取决于介质的渗透系数、水的密度以及水的动态黏度。导水率方程是建立在 Darcy 定律的基础之上的。

因此过滤系数取决于以上各量，另外还包括长度和含水层厚度。本节中的过滤系数被用来评估水流和含水层性能。需要注意的是，过滤系数也和下面说的含水层材料的基本特性有关。另一个材料的基本特性——孔隙度，是指材料内的空闲体积和总体积的比值。孔隙度能随深度而改变，因为来自材料上部的重力会压缩粒子之间的空隙。虽然材料的孔隙度能影响本征渗透系数，但这些量不一定相关。

4.3.3　水泵水轮机

含水层地下抽水蓄能系统的核心是一个集成了泵涡轮机和发电机的单元。顾名思义，该单元能实现两个功能：利用电能抽水和利用水能发电。这种类型的集成机器商业运行于大型抽水水电站，通常采用一种与同步交流电机耦合的 Francis 型反馈式涡轮机。为所需含水层地下抽水蓄能的应用而设计的单元还没有商业可行性。在这一小节中，我们将阐述集成了泵涡轮机和发电机的单元在含水层地下抽水蓄能系统中应用时重要的设计要素。

设计含水层地下抽水蓄能泵涡轮机时有一个选择，就是在正向抽水和反向涡轮机工况时，使用标准离心机或"立式涡轮机"式井泵。图 4-7 所示为一个可潜水的立式涡轮机泵。设备的这种运用称为涡轮泵（PAT）设计。离心泵的涡轮机效率初步估计与泵的效率相同。虽然其最初是作为一个泵而设计的，但离心泵能够运行在反向的涡轮机状态，效率为 65%~85%[10]。这种方法由于其利用现有技术，并且具有商业可行性、低成本，因此被视为含水层地下抽水蓄能问题的一个优先选择。由于很难预测一个具体的离心泵的涡轮机性能，所以要测试流量、水流速度范围以及涡轮机效率这些特性。所选的离心泵必须使用一个键控轴来调节任意方向的轴转矩。

离心泵在许多情况下通常被用来抽水。它们在水下和非水下设计中都能使用，并且在商业应用中拥有许多实用的压头等级、流量等级和功率等级。这些单元通常是离心机或立式涡轮机设计，并集成了交流异步电机。泵效率的行业标准估计为55%，但随着系统设计的更加合理，离心泵的效率能达到85%。抽水周期和涡轮机周期的效率都能够优化，但其不能被同时优化。对于含水层地下抽水蓄能来说，必须优化涡轮机效率。本节中假定机器效率为涡轮机工况为70%～85%，泵工况为65%～80%。这些数值是基于现代PAT泵、离心泵和涡轮机的数据所做的估计。

反馈式涡轮机，像 Kaplan 或 Francis 的设计，能够实现抽水和涡轮机功能，其效率随单元规格的增大而增大。Kaplan 或螺旋式涡轮机应用于低水头、大流量的情况。Francis 型涡轮机和 PAT 设计应用于高水头、小流量的情况。超大型 Francis 型涡轮机的典型效率能达到95%[10]。对于较小的单元，效率可以期望在70%～90%，其取决于水头、流量和

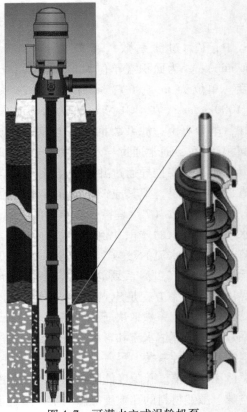

图4-7　可潜水立式涡轮机泵
（该图是由美国涡轮机公司提供的立式涡轮机和潜水泵，http://americanturbine.net/sites/americanturbine.net/files/brochures/vertical-turbine-submersible-pump-brochure.pdf）

流速。在标准 Francis 设计中，水是以一个垂直于驱动轴旋转的角度进入或离开一个卷轴状叶片的。在安装这样一个单元到立轴井中时，该特点可能是一个设计难题。

4.3.4　电动发电机

电动发电机组以相对较高的效率运行已经是一种成熟而可行的技术。由于是在泵涡轮机状况下，效率会随规格大小和等级而增大。一些大型电动发电机效率能达到96%以上。对于所讨论的应用，效率能够到达88%～94%。井电机泵在更大型的机器中通常使用交流异步电机或者绕线转子同步交流电机。虽然商业设计中该单元只用于电动机状态，但做一些改造它就能在发电机状态有效运行。在绕线转子同步交流电机中，电机转子绕组在发电过程中提供励磁电流，其需要有一个端口。不管有无电力电子装置，实现这一改造都相对比较简单。如果绕组是用

电力电子装置来控制，则发电机输出的频率、转速和转矩都可以调节。

对于交流异步电机，也许最常见而且简单的改造就是在电机三相端连接励磁电容[11]。这些电容提供的励磁电流与电机初始电流波形相差90°。励磁电流在电机转子侧产生感应电流，使电机运行在发电机状态。另一种改造就是利用电力电子装置产生励磁电流。用于电机驱动的同一电力电子装置能在发电状态用于控制励磁。为了实现这种方法，在电机控制器软件中写入一个更复杂的控制回路。图4-8给出了励磁电容和基本的逆变/整流电力电子开关的连接方式。

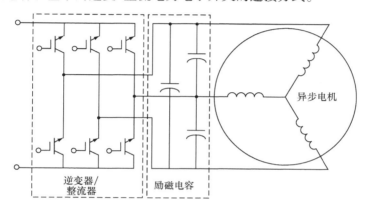

图4-8 异步电机用作发电机的改造连接图

对于一个含水层地下抽水蓄能系统，建议使用带有异步电机的离心井泵。这种选择是成本最低的方案，但其发电周期的效率不能优化。系统设计的最后，应该购置一个标准规格的单元，并测试确定其实际性能。需要注意的是，我们选择的单元要能够在要求的流量和可达到的水速范围下运行。

4.3.5 电气系统

一个电气系统需要实现含水层地下抽水蓄能功能并且连接能源、用户负荷以及主网。其主要功能包括：

1）电力电子电机驱动，用以在抽水周期激励电机泵。

2）发电机励磁和整流，用以在发电周期从涡轮机提取电能。

3）电网侧逆变器，用以适应60Hz、480V的电源；在本地风机电源情况下还包括整流功能。

4）一个480V的电路断路器面板，用作保护功能以及功率分配。

5）一个变压器，为用户负荷功率实现480～220V和120V的转换。

6）一个220V和120V等级的电路断路器面板，作为用户负荷的保护以及功率分配。

7）一个系统控制、监测和用户界面面板，用以调节和控制整个系统。

图4-9所示为一个电力系统的连接框图。以上介绍和图中所示的所有部件下面会有更详细的描述。实际上，一个系统很可能只有一个本地可再生能源电源（太阳电池板或风机）。而且，系统也可能离网运行，但需要预备备用电源（如电池）。一般来说，功能组件（除了系统控制器）是可以商业化的。我们也需要进一步做详细的工程设计，以协调安全的方式来正确地连接和控制这些组件。

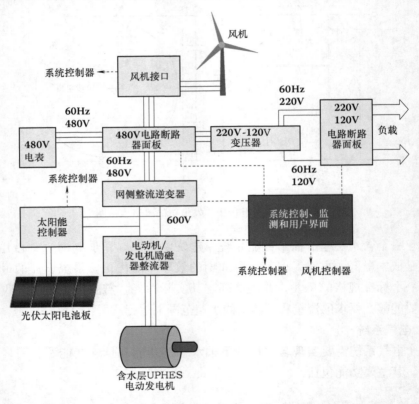

图4-9　电力系统框图

电力电子控制器用来将发电机连接到系统。该控制器有两个主要功能。它必须在抽水工况电力驱动电机。这涉及用一个宽度可调制的、六阶、阶梯状脉冲或者其他电机驱动策略来控制一个三相电力电子逆变器来进行直流逆变。在远距离线路中逆变器和电机（位于井的底部附近）之间的阻抗以及电压跌落也必须考虑。逆变器可以用来在单一速度（更容易实现）或变速下驱动电机。变速驱动能够用于低功率输入（例如，当太阳能或风能很小时），从而提高抽水周期的效率。此外，利用一种方法［如最大功率点跟踪（MPPT）］使光伏太阳能的电压电流和泵的特性相匹配，就有可能进一步优化抽水周期[12]。

控制器必须提供发电机励磁和输出整流。之前已经讨论了提供发电机励磁的两种方法。建议在这里使用包含电力电子开关先行控制的方案，以同时进行励磁和输出整流。励磁电容未被使用，以降低成本并且提高可靠性。图 4-10 是所提议单元的原理图，利用从机轴直接感应的位置反馈。

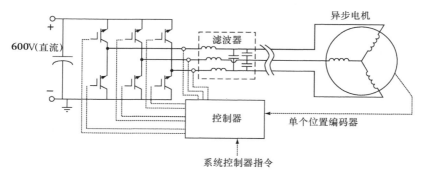

图 4-10　电机控制逆变/整流装置

在异步电机和整流器之间必须使用一个滤波器。滤波器减弱了由于线路长度而出现的电压尖峰。连接的直流环节电容用来强化直流母线，并改善暂态性能。

网侧逆变器/整流器有双重功能。其作为商用网侧逆变器时，要将直流电源转换为适应电网的 60Hz 的交流电源。此外，该单元必须要将引入的交流电源提高并整流为直流电源，以提供给电机驱动控制器。

电路断路器面板需要用来保护和控制交流系统。断路器应该用合适的继电器或接触器来执行，以便用系统控制器来实现功率分配。这些继电器也是用以保护电路的隔离元件。在网侧逆变器接到公用仪表上时，系统控制器必须监控和验证是否频率和电压波形与电网一致。当一致时，系统控制器将闭合断路器将系统接入电网。

一个一次绕组接到交流 480V 系统的变压器，用于向低压电路断路器面板提供 60Hz 交流电源。如果需要实现更高的自动化程度，该面板可以包含用于用户负荷的传统被动式断路器，以及外部控制继电器（或接触器）。

系统控制器负责电气系统所有其他元件的整体控制和保护。它有几个重要的功能，其主要工作就是对于送去或来自储能系统、本地电源以及负荷的功率进行合理的分配。为了实现能量存储管理，控制器要监控本地电源的发电量，负荷实时功率需求，以及储能系统的状态估计（满，空，50%等）。基于该信息，可启动下列操作之一：

1）如果产生的能量未被负荷使用，则将功率分配给电机泵驱动，然后水被抽到地表，直到地表蓄水池蓄满。

　　2）如果负荷有功率需求，但没有生产功率，则将储能系统置于发电模式以释放存储的能量，直到能量储备用完。

　　3）如果负荷有功率需求，而储能已耗尽，并且没有本地发电，则从主电网分配电能来满足负荷需求。

　　4）如果本地能源生产的功率多于使用功率，并且储能蓄水池已满，则功率将"净计量"或送到电网。

　　直接来自主电网的能量也可以存储。如果按一天用电时间来定价，则将使用这种方式。例如，如果晚上用电比白天用电更便宜，则这些便宜的电就能够存储并且之后在电价升高时使用。储能系统的效率必须与按一天用电时间定价的成本差异相权衡，以决定是否这种选择更经济。

　　除了能量存储管理，系统控制器还执行着监控、保护以及功率分配的功能。系统状态包括哪些断路器分别闭合、开断，哪些单元正在运行，运行在哪个方向，以及潮流数据和其他参数，这些都要不断地监控。每个单独的电气系统元件都规定有自己的过载和过热保护，但是系统控制器的工作是确保系统结构不损坏设备。

　　操作整个系统的用户界面设置在系统控制器中。该界面会告诉用户系统的状态，包括本地电源的输出、储能状态、通电负荷以及潮流特性。界面也允许用户用某些方式配置系统并且关断元件或部分。

4.3.6　水井

　　含水层地下抽水蓄能系统利用一个深的大流量水井来实现储能。涡轮机的额定容量是有效压头和流量的一个函数。前几小节的分析表明，压头、流量、堆高以及含水层过滤系数之间的关系影响了系统的设计。在本小节中，将对井的特性进行综述，并且阐述通过改造井或利用渗透坑来增加系统功率的方法。

　　世界各地的装置中水井特性差异很大，甚至在同一地下抽水蓄能系统中也是如此。对于含水层地下抽水蓄能系统来说其主要的特性有

　　1）周围地质构造的过滤系数或导水率。

　　2）水深。

　　3）井直径。

　　4）井管。

　　5）承压或非承压含水层。

　　举一个例子，一个井有大于1000USgal/min（0.063m³/s）的注射流量和300ft（约91m）的压头用于涡轮机发电，将其作为目标。为了实现这一目标，350ft（约107m）水深的含水层，其过滤系数必须达到2.6ft²/min（40.3cm²/s）或者更大。存在这样的井吗？如何才能改造一个井从而达到参数的需要呢？

由于典型灌溉井有流量限制，因此会考虑增加井的注射流能力来提取最大可能功率。含水层补给（AR）以及含水层存储和恢复（ASR）井就是将水灌回含水层的系统设计例子。引用一则消息[13]，"目前，超过60个含水层存储和恢复（ASR）站点在美国各地运行。这些项目涵盖范围从单个井到有30个井的网络，其恢复容量也从单个井的500000USgal/天到井田的1亿USgal/天。"补给井的目的是通过将水倒流回井而取代含水层中的水或地下结构，从而补给含水层。在ASR井中，水既被注入又被抽出，这取决于季节性周期和水的使用。这种类型的井为含水层地下抽水蓄能装置开创了先例，尽管含水层地下抽水蓄能周期更加频繁。为直接注入操作而设计改造的AR和ASR井已经被提议[14]。图4-11和图4-12所示是为增加补给流量而改造的井的情况。ASR井能符合成本效益，并且能够利用井田很容易地与现有的水资源公共设施相结合。

从本质上来说，这些概念都是通过增加与含水层接触的表面积或者增加井的直径，从而增加可能注射流。横向筛管、径向筛管或横挖井，都是增加注入流量的井的设计实例。这些装置能够增加连接含水层的表面积以及井的作用半径，以实现比传统井更高的注射速度。

增加井的注射流的另一个可能的方法是在井底附近挖一个渗透坑。渗透坑可增加井对于含水层的接触表面积，无论是在饱和区域还是不饱和区域。这个未使用过并且未被验证的方法可能使井的建设作业更复杂，并且会增加成本。图4-13说明了这种渗透坑井的概念。

渗透坑的方法面临不同的实施难题，这取决于其被用于承压含水层还是非承压含水层。图4-13左半部分所示为非承压状况下一个典型的注射堆。这里需要考虑的一个设计就是将泵涡轮机单元放置在何处。井中的水位在抽水和注射模式下都会显著地变化。为解决这一"枯竭"抽水状况，安装了一个到达井底部的扩展管道。另外，在涡轮机工况，最好在涡轮机出口允许水自由流动。为了做到这一点，建议用一个短管将水转储到井中水位以上的空气中。这样就可以允许最大水速通过涡轮机，从而提高发电效率。在非承压含水层，这种情况更加困难。很可能无法运作涡轮机以使它出口的水转出到空气中。因此，流经涡轮机的水速可能不是很理想。

很难比较渗透坑井和其他完井方法的性能。涉及的因素有井中坑的大小以及动态水流形态。对这些完井有必要进行实地测试以增加我们关于地下抽水蓄能系统的知识。

本小节所概述的这种类型的井的改造，建议用于实现含水层地下抽水蓄能系统。它们包括增加的井半径、水平管完井、径向完井、水平"弯曲"井几何以及渗透坑。增加井流速的最好方法取决于具体位置的地质和含水层特点、技术的实用性、实现这些先进完井的工具，以及预算和电力需求。

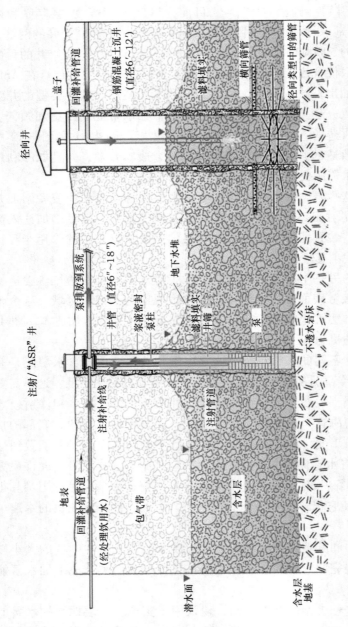

图 4-11　直接注射径向非承压含水层井概念（Courtesy of Topper, R., P. E. Barkmann, D. A. Bird, and M. A. Sares. 2004. Artificial Recharge of Groundwater in Colorado: A Statewide Assessment. Colorado Geological Survey, Department of Natural Resources, Denver, CO.）

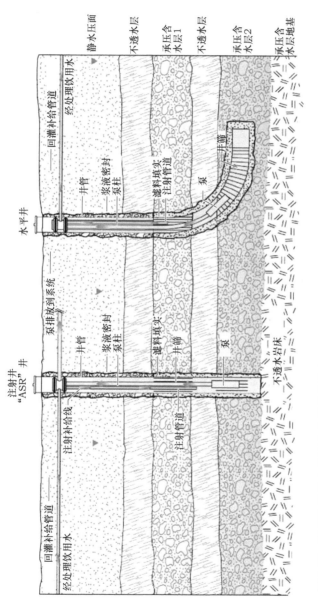

图 4-12 直接注射向横向承压含水层井概念（Courtesy of Topper, R., P. E. Barkmann, D. A. Bird, and M. A. Sares. 2004. Artificial Recharge of Groundwater in Colorado: A Statewide Assessment. Colorado Geological Survey, Department of Natural Resources, Denver, CO.）

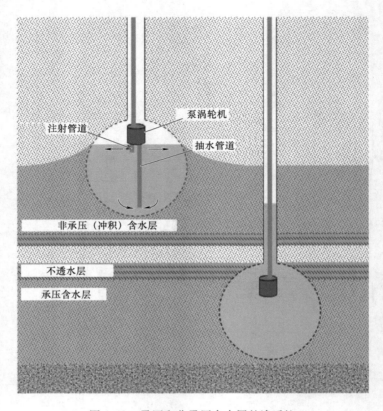

图 4-13 承压和非承压含水层的渗透坑

4.3.7 地表蓄水池

一个地表蓄水池需要用来容纳从含水层抽上来的水，直到它被占满。抽取并保持在地表的水代表了相对于含水层存储的势能。该能量可以通过涡轮机发电被转换为电能，或者被部分地分配于其他用途，比如灌溉。地表池塘并非是罕见的结构。许可、设计、施工以及地表蓄水池的使用都很好理解，而且在大多数情况下实施应该没有工程难度。挖掘和衬砌一个新的地表蓄水池的成本，以及维持充足水质所面临的难题，是所能预见的主要关注点。

蓄水池最合适的类型取决于位置特征，如地形、土壤成分以及地方性法规。蓄水池（池塘）设计的主要类型有挖掘、筑堤，或两者的结合。在平坦地区挖掘池塘较为常见，而筑堤池塘则多见于倾斜地带。图 4-14 示意了这些池塘挖掘。

在一个含水层地下抽水蓄能系统中，池塘的水位将频繁地升降。其变化幅度将取决于蓄水池对于抽出或注入水量的容积和表面积。如果池水要被直接用于作物灌溉，水的容量必须足以维持灌溉和含水层注入量。然而，随着蓄水池表面积的增加，蒸发损失也将增加。蓄水池容量和深度必须与允许水位变化相权衡。虽

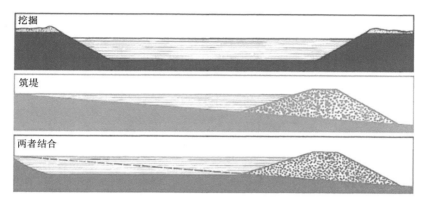

图4-14　池塘挖掘的主要类型（来源：http：//www. dnr. state. oh. us/
wildlife/Home/fishing/pond/construction/tabid/6218/Default. aspx 经许可）

然含水层地下抽水蓄能运行期间不消耗净水，但蓄水池所有者必须有充分的用水
权，并对任何由于蒸发或灌溉用途而带来的损失负责。

挖掘成本变动很大，取决于土壤类型、规模、当地的劳动力价格以及经济状
况。最后，含水层地下抽水蓄能需要一个液压接口，以允许水被抽入或抽出蓄水
池。这将要求必须有地下装置或地上水管系统和阀门，以连接蓄水池和井。

4.3.8　系统效率

含水层地下抽水蓄能系统的运行效率是衡量其可行性的一个重要方面。本小
节提供了器件的效率估计以及结果系统效率。在之前各小节中，介绍了各分立器
件的效率。表4-1总结了这些值。泵或涡轮机对系统的效率影响最大。电气系统元
器件包括电动发电机，有相对较高的效率。需要注意的是，往返效率不是含水层
地下抽水蓄能的优值。涡轮机的运行效率应该受到重视，因为抽水期间能量被用
于抽水（否则不会被利用）。因此，抽水周期可以被看作是"空闲的"，而发电周
期被看作系统的优点效率。

表4-1　系统和器件的估计效率

器　件	效率（%）		
	低	目标	高
抽水			
VFD 泵传动	94	95	97
电源线	96	98	99
电动机	94	96	97
泵	60	70	75

（续）

器　　件	效率（%）		
	低	目标	高
管道摩擦	96	97	98
总计	49	61	68
发电			
管道摩擦	96	97	98
涡轮机	70	80	85
发电机	93	95	96
整流器	95	97	98
逆变器	94	96	97
总计	56	69	76
往返效率	27	42	52

4.3.9　含水层水文地质

含水层地下抽水蓄能装置的成功取决于良好的水文地质条件。本小节将简要讨论含水层水文地质，并且介绍地下抽水蓄能重要设计参数的典型值。

含水层主要分为两类：非承压和承压。非承压含水层也称为潜水面或潜水含水层，由于其上边界是潜水面。通常，一个给定位置的最浅含水层是非承压的，承压含水层在下面。非承压和承压含水层被一种称为隔水层或阻水层的不透水层（即导水率非常低的地质构造）所隔开。非承压含水层一般通过直接降水或地表水（如河流湖泊）来补给水[15]。承压含水层有位于上边界的潜水面，因此一个挖到承压含水层的井可能会发现加压水甚至到地表的自流水。

存储系数是一个区分承压和非承压含水层的重要特征。承压含水层具有非常低的存储系数值（一般小于0.01，而且低至10^{-5}）。该值表明承压含水层利用含水层基质扩张和水的可压缩性原理来存储水；这两个上下限值也都非常小。非承压含水层的存储系数（给水度）通常高于0.01，它们利用含水层实际排水孔原理释放存储的水，并且释放相对大量的水。

非承压和承压含水层都可以供含水层地下抽水蓄能装置选择。承压含水层的优点在于其比非承压含水层更深（远低于地表）。然而，承压含水层的给水度明显低于非承压含水层。另外，虽然非承压含水层有较高的给水度，但它们通常更浅或离地表更近。在这里，我们看到在高压头、低流量和低压头、高流量之间存在一种设计取舍。另一点需要注意的是，水质要求对非承压含水层来说更加严格。表4-2对两种类型的含水层进行了定性对比。

表4-2　含水层类型定性对比

	非承压含水层	承压含水层
导水率	中到高	低到中
存储系数	中到高	低
过滤系数	中到高	低到中
水深	低到中	低到高
给水度	高	低到中
优点	现有灌溉井，高流量产出	非常高的压头势能，水质标准容易满足
缺点	严格的水质标准，用水权很难获得，水深通常比较浅	低流量产出，先进的完井更难使用

考虑到含水层地下抽水蓄能系统的最低要求，对于一个200ft（60.1m）厚度的含水层，2.6ft²/min（40.3cm²/s）的过滤系数转化为0.013ft/min（0.0066cm/s）的导水率。表4-3总结了对于不同的地质材料导水率和过滤系数典型的变化范围。基于表中的范围，疏松的砾石和沙子、沉淀的石灰岩、白云石、岩溶石灰岩以及结晶裂隙性玄武岩含水层地质，都可以供含水层地下抽水蓄能选择。举一个例子，在美国中部高原Ogallala含水层的导水率一般在25～100ft/天（0.017～0.07ft/min或0.0086～0.0036cm/s），估计日平均值为51ft（0.035ft/min或0.0018cm/s）[16]。另外，该含水层的最大厚度可超过700ft（213.4m）。使用该范围，计算出几种情况的过滤系数，见表4-4。该表选择了上述导水率和厚度范围的最小、最大以及中间值，预期的平均过滤系数算得为17.4ft²/min（269.4cm²/s）。井的水深和水流量收益都是重要的参数，用来指导寻找合适的含水层地下抽水蓄能位置。

4.3.10　法律事项

建设地下抽水蓄能系统之前，一般需要系统施工地所在州政府的许可。另外，还必须遵守州政府和联邦政府几个有关使用水的法规。本小节简要地讨论了在规划地下抽水蓄能装置时要考虑的一些主要法规[17]。

支流地下水通常被认为是"每个天然河流的水"，而且需要占用和管理。这种分类是基于该地下水和地表水的水文联系。在法律上，支流地下水通常被当作地表水（例如河流和小溪）对待。1969年的《水权认定和管理法》（颁布以来有所修改）规定，管控天然溪流水的使用，包括支流地下水。

由于支流含水层的地下水包含于与当地河系直接相连的含水层，因此通常这样的含水层中的潜水面相对比较浅。另一方面，深含水层地下水并不是那么直接

表 4-3　地质材料中导水率和过滤系数典型的变化范围[1]

材料	导水率 k/(cm/s)		导水率 k/(ft/min)		过滤系数/(cm²/s)，61m 深		过滤系数/(ft²/min)，200ft 深	
	最小值	最大值	最小值	最大值	最小值	最大值	最小值	最大值
疏松型								
砾石	1.0E−01	1.0E+01	2.0E−01	2.0E+01	610	60960	39	3936
沙子	1.0E−04	1.0E+00	2.0E−04	2.0E+00	0.610	6096	0.039	394
粉砂	1.0E−07	1.0E−03	2.0E−07	2.0E−03	0.001	6.096	0.000039	0.394
粘土和冰碛	1.0E−11	1.0E−06	2.0E−11	2.0E−06	0.000000610	0.006	0.000000004	0.000394
沉积岩								
砂岩	1.0E−08	1.0E−03	2.0E−08	2.0E−03	0.000061	6.096	0.000004	0.394
石灰岩，白云石	1.0E−07	1.0E−01	2.0E−07	2.0E−01	0.001	610	0.000039	39
岩溶石灰岩	1.0E−04	1.0E+00	2.0E−04	2.0E+00	0.610	6096	0.039	394
页岩	1.0E−11	1.0E−06	2.0E−11	2.0E−06	0.000000061	0.006	0.0000000039	0.000394
结晶岩								
玄武岩	1.0E−09	1.0E−05	2.0E−09	2.0E−05	0.000006	0.061	0.00000003936	0.004
裂隙性玄武岩	1.0E−05	1.0E+00	2.0E−05	2.0E+00	0.061	6096	0.004	394
密集玄武岩	1.0E−12	1.0E−08	2.0E−12	2.0E−08	0.000000061	0.000061	0.000000004	0.000004
裂隙性结晶岩	1.0E−06	1.0E−02	2.0E−06	2.0E−02	0.006	60.960	0.000394	3.936

[1] 来源：Becker, M. F. et al. 1999. 位于科罗多拉州、塔萨斯州、新墨西哥州、俄克拉荷马州以及得克萨斯州的中部高原含水层的地下水质。美国地质调查，WRIR 02-4112。

表 4-4　Ogallala 含水层过滤系数均值计算

导水率/(ft/天)	导水率/(ft/min)	厚度/ft	$T/(ft^2/min)$
25	0.017	100	1.74
25	0.017	400	6.94
25	0.017	700	12.15
50	0.035	100	3.47
50	0.035	400	13.89
50	0.035	700	24.31
75	0.052	100	5.21
75	0.052	400	20.83
75	0.052	700	36.46
100	0.069	100	6.94
100	0.069	400	27.78
100	0.069	700	48.61
平均值			17.36

地连接于地表河系（例如，非支流地下水更可能是深含水层地下水）。利用非支流地下水的位置可能更能满足含水层地下抽水蓄能系统的需求（例如，压头需求）。非支流监管方案还有其他相关优势，比如分配用水权的方式和用水的核算机制。由于含水层地下抽水蓄能把水用作新的不同用途，所以可能需要为支流和非支流地下水而改变用水权。申请改变用水权必须通过相关水法院来执行。

出现的另一个问题就是是否必须为地表蓄水获得存储权。由于含水层地下抽水蓄能利用水是通过将水存储在地表蓄水池以便以后使用，而不是直接使用（比如灌溉），因此装置可能需要存储权。

如果井设备必须改造以适应含水层地下抽水蓄能系统，那么就可能需要一个新井的许可。按照联邦法律法规，井的结构要求可能用于将水灌回地下水源。含水层地下抽水蓄能系统将需要地下注射许可。

美国环境保护署（EPA）调控水灌回到含水层和水源，同时还调控和执行水质量的事项。从地表蓄水到地下水源或含水层的排水系统要符合相关水质量的法规。可以采用联邦《安全饮用水法》（SWDA）中的第五类注射井要求。其他用水权的保护，包括该权利中的水质量，也是必需的。

由于在 20 世纪 60~70 年代因地下注射导致了地下水污染事件，在 1974 年美国国会通过了 SDWA。该法案的 C 部分要求 EPA 为注射作业建立了一个法规体系（42 USC §§300h 及以下等）。法规为控制所有注射作业设立了最低要求，并且提供了一种执法机关执行和授权的机制，连同保护地下饮用水源。

从历史上看，SDWA 已经被用于通过含水层补给或者含水层存储恢复（ASR）

井使水回到地下水源。然而，由于"井"的定义和缺乏适当的筛除，该法案把这里所关注的含水层地下抽水蓄能系统当作了第五类井。深井灌注技术（UIC）计划将井定义为任何挖空的、钻孔的，或从动轴，或挖孔，其深度比用于地下排放液体的最大表面尺寸还大。第五类井的雇主或运营商需要提交基本的库存信息，并且操作井时不能危及饮用水。要注意的是，由于ASR和含水层补给井按惯例已被授权，所以它们不需要经过许可，除非深井灌注技术（UIC）项目理事根据40 CFR §144.25中要求这样做。

进一步的法规、条例和许可规范可能会由含水层地下抽水蓄能项目所属地的州政府来授权执行。所以这些作业需要符合要求，并且必须进行评估和理解。对这样的系统，可以做一些位置优先选择的概述。由于诸多原因，指定的盆地可能并不是有利的位置。比如，指定盆地井的深度往往对必要的压头来说太浅；它们往往也会过度占用的水源。审批程序也相当复杂。在支流源和非支流源中，由于分配用水权的方式和使用水的核算机制，非支流类型更有利。另外，非支流水源的井通常更深。

4.3.11　经济性

含水层地下抽水蓄能系统的成本取决于许多因素，其中许多依据于具体的位置。井的要求改造量、现有地表蓄水池以及使用现有灌溉装置的可能性，都可能很大程度减少系统总的成本。位置特点（如过滤系数和水深）对系统成本影响也很大。设计者必须努力寻找地下抽水蓄能系统的位置以使各种参数达到最优。为含水层地下抽水蓄能系统做一个平准成本估计可能很有意义，但其结果很大程度上依赖于所做的假设。在本小节中，对于与这种储能系统相关的能源，我们将尝试对其期望平准成本提出建议。

平准成本被定义为装置单位能量的成本（时间平均值）。下面将对一个周期产能300kW·h的系统，估计其含水层地下抽水蓄能的成本范围。需要注意的是，这是一个储能系统，所以相比于生产能量，它只消耗很少的量（由于效率损耗）。因此，在这里计算的平准成本只适用于一种情况的储能系统，那就是其不与电源耦合并且不生产电能。下面是为估计平准成本而做的一系列假设：

> 系统额定功率=50kW
>
> 系统额定能量=300kW·h/周期
>
> 每天周期数=1
>
> 每年运行天数=150
>
> 系统运行寿命=35年
>
> 系统寿命期投资和运行成本=300000美元

系统往返效率 =50%

光伏太阳能系统的平准成本 =0.03 美元/kW·h

独立系统的平准成本算法为，先对系统整个寿命期的总（存储）能量求和，然后用这个结果除以总的成本，即

$$(300kW \cdot h) \times (150 \text{ 天}) = 45000kW \cdot h/\text{年}$$

$$(45000kW \cdot h/\text{年}) \times (35 \text{ 年}) = 1575000kW \cdot h(\text{寿命期})$$

$$(300000 \text{ 美元})/(1575000kW \cdot h) = 0.19 \text{ 美元}/kW \cdot h(\text{存储})$$

该结果中，19 美分/kW·h 的平准成本高于大多数电源的能量成本。然而，该成本还不能直接和发电成本比较，因为系统没有发电。储能系统的价值在于其能捕获变化的能源和低成本能源，并且按需调配。

4.4　未来前景

地下抽水蓄能电站是一种可行的储能方式，但还没有对其进行全面的分析。此外，目前还没有建成的地下抽水蓄能系统。现在迫切需要对其进行研究和分析，以检验可能的地下抽水蓄能装置，包括大型和小型装置。在过去的 30 年中，实现地下抽水蓄能所需的一些技术已经有所发展、日趋成熟，并且变得更加高效。它们包括挖掘技术、高压头水力机械以及地质分析技术。地下深处石油和煤的开采技术为构建地下抽水蓄能系统提供了基础。变化的可再生能源能够大大受益于大小型的经济性储能，其目前的发展重新燃起了人们对地下抽水蓄能的兴趣。

参 考 文 献

1. Chiu, H.H., Saleem, Z.A., Ahluwalia, R.K. et al. 1978. Mechanical energy storage systems: compressed air and underground pumped hydro. 16th AIAA Aerospace Sciences Meeting.

2. Tam, S.W., Blomquist, C.A., and Kartsounas, G.T. 1979. Underground pumped hydro storage: an overview. *Energy Sources* 4, 329.

3. Allen, R.D., Doherty, T.J., and Kannberg, L.D. 1984. Underground pumped hydroelectric storage. Pacific Northwest National Laboratory, Richland, WA.

4. Ramer, J.L. August 4, 1981. U.S. Patent 4,282,444.

5. Chen, H.H., and Berman, I.A. September 1982. Commonwealth Edison Company's underground pumped hydro project. AIAA/EPRI International Conference on Underground Pumped Hydro and Compressed Air Energy Storage, San Francisco.

6. Uddin, N. 2003. Preliminary design of an underground reservoir for pumped storage. *Geotechnical and Geological Engineering* 21, 331.

7. Martin, G. 2007. Aquifer Underground Pumped Hydroelectric Energy Storage. M.S. Thesis, University of Colorado at Boulder.

8. Charbeneau, R.J. 2000. *Groundwater Hydraulics and Pollutant Transport.* Prentice-Hall, New York.

9. Williams, A.A. 1994. Turbine performance of centrifugal pumps: comparison of prediction methods. *Journal of Power and Energy* 208.

10. Gordon, J.L. 2001. Hydraulic turbine efficiency. *Canadian Journal of Civil Engineering* 28, 238.

11. Chan, T.F. 1993. Capacitance requirements of self-excited induction generators. *IEEE Transactions on Energy Conversion* 8, 304.

12. Mohamed, A., Masoum, S., Dehbonei, H. et al. 2002. Theoretical and experimental analyses of photovoltaic systems with voltage- and current-based maximum power point tracking. *IEEE Transactions on Energy Conversion* 17, 514.

13. City of Tampa (FL) Water Department. *2003 Annual Report*, p. 28.

14. Topper, R., Barkmann, P.E., Bird, D.A., and Sares, M.A. 2004. *Artificial Recharge of Groundwater in Colorado: A Statewide Assessment.* Colorado Geological Survey, Department of Natural Resources, Denver.

15. Emery, P.A. *Hydrogeology of the San Luis Valley, Colorado: An Overview and a Look at the Future.* http://www.nps.gov/grsa/naturescience/upload/Trip2023.pdf

16. Becker, M.F. et al. 1999. Groundwater quality in the Central High Plains Aquifer of Colorado, Kansas, New Mexico, Oklahoma, and Texas. U.S. Geologic Survey, WRIR 02-4112.

17. Ginocchio, A., Lent-Parker, M., and Sewalk, S. 2007. *Review of the Legal and Regulatory Requirements Applicable to a Small-Scale Hydroenergy Storage System in an Agricultural Setting.* Energy and Enrivonmental Security Initiative, University of Colorado School of Law.

第5章 压缩空气储能

Samir Succar

5.1 背景

压缩空气储能（CAES）是通过高度压缩的空气形式来进行电力储能，它是一种成本低、容量大的电力储能技术。该技术是少数几种能够适用于长时间（数十小时）和电站等级功率（几百到数千兆瓦）储能应用的技术。其他的几种储能技术，例如飞轮、超级电容，能够提供短时间的储能服务来改进电能质量和提高稳定性，但是从成本效率角度而言，这些储能方式在负荷转移负荷和风力发电方面的应用并非最佳选择[1,2]。

能够以较低的成本持续数小时进行大功率输出的两种主要储能技术包括：压缩空气储能和抽水蓄能抽水蓄能[3-8]。尽管一些应急电池技术也可以平衡风电的输出，但是其系统容量和存储大小要比压缩空气储能和抽水蓄能系统（约为10MW，<10h）小一个数量级，并且成本更高。

抽水蓄能不需要燃料燃烧，相比压缩空气储能而言更易实现。但是其实现的可行性也受到了建设不同高度的蓄水池的地点和建设成本的限制。而且，大规模的抽水蓄能对环境的影响也日益复杂。在那些没有现成的水库可以利用的地区，以及那些周边环境优美的具有不同海拔高度的大型天然水库地区，目前能够进行低成本建设的抽水蓄能变得越来越少。

比较而言，压缩空气储能使用更多类型的存储方式来存储空气，并且对地表的影响更小，相比抽水蓄能建设位置更加灵活。如果不进行大规模的使用，高压空气可以存储在地表的管道里。一些地下地质构造可发展为存储室，例如矿物盐溶洞、盐水层、废弃的矿井、开采的硬岩洞，它们具有很低的成本。符合压缩空气储能地质适应性的地区在美国分布广泛，这说明压缩空气储能技术相比抽水蓄能具有更少的地区限制，这一点对于为平衡风力发电波动而建设的压缩空气储能特别重要。

压缩空气储能主要的应用之一就是在输电衰减时存储风电能量，在风力发电短缺时发电并网。风力平衡所需要的储能需要大规模、长时间、快速的响应输出时间，以及在风力充裕地区的具有合适的建设地址。研究表明，在风力充裕的美国大平原地区具有适应于压缩空气储能的地质特性。而且，压缩空气储能能够快速地跟上输出，在部分负荷的情形下进行高效运行，这非常适合平衡风电输出的波动。更重要的是，压缩空气储能的温室气体的排放速率很低，非常适合在碳排放限制下平衡风电输出。本章参考文献[9-18]分析了风力发电和压缩空气储能联合系统的成本和碳排放特性。

　　在诸多的适宜空气存储的地质选项之中，多孔的岩石构造是最好的选择并具有潜在的最低成本。另外，在美国，含水层的地理分布和优良的风力资源具有很强的相关性。因此，压缩空气储能能发挥的平衡风电输出和生产低排放电能的作用将很大程度依赖于适合压缩空气储能的含水层结构的可用率。

5.2　大规模储能发展的动力

　　作为一种有前景的削峰手段，压缩空气储能诞生于 20 世纪 70 年代[19]。随着扩展的核电工业而出现的高油价触发了储能技术（例如压缩空气储能）在负荷平衡方面的应用。对应于高价格的峰值功率和便宜的基本负荷核电力，存储便宜的非峰值电力并且在峰值需求时将其卖出，可以产生巨大的经济效益[20,21]。

　　这些现状起初激发了许多电站对于压缩空气储能的强大兴趣，但是随着核电工业的发展动力萎缩和油价从高峰的回落，压缩空气储能的市场环境发生了变化。20 世纪 80 年代，燃气轮机和联合循环发电机成为了峰值和负荷跟踪市场主要的低成本选择。新的选择、电网发电容量的过度建设、对国内天然气可以充足供给的预判一起削弱了市场对于储能的兴趣。

　　风能发展的最新趋势预见了储能领域新的兴趣点，即不再作为把基本负荷电力转换成峰值电力的方法，而主要用来减少风电的波动[16,18]。全球的风电容量在近些年飞速增长。如图 5-1 所示，从 1995 年的 4.8GW 增长到了 2008 年年底的 121GW。风电输出的波动需要有备用的存储容量来保证峰值需求时的输出。燃气轮机能够快速响应风电输出的缺额。因此，天然气发电的热备用单元可以作为一个很好的调度手段来平衡混合电力系统中正在增长的风力发电部分。

　　储能描绘了一种可替代的风力平衡策略。其中，压缩空气储能的低燃料消耗在天然气价格居高或者动荡时期尤其具有吸引力。尽管平衡风电作为一种潜在的大规模储能的应用领域早已经被承认[22]，但仅仅是在近年来，由于风电渗透率达到了需要有附加的平衡措施来维持系统稳定性的等级，储能的这一应用才被更加关注[23]。

　　最近的研究表明，在相对较低的渗透率时，大容量的储能能够降低风电的综合成本[24]。在那些灵活的发电容量（例如水力发电）有限的地区，储能用来平衡风电和服务于电网管理是非常有价值的[18,25]。电网中持续增长的风电渗透率和降低碳排放的需求会鼓励储能系统直接和风机连接来制造基本负荷电力，而不是作为独立的实体来提供电网支持。而且，压缩空气储能的燃料消耗不及燃气轮机一个单循环消耗燃料的一半，因此可以很好地保值，以应对天然气价格的波动[26]。

　　另一个考虑风场直接与压缩空气储能相连接的更深原因是因为多数高质量的

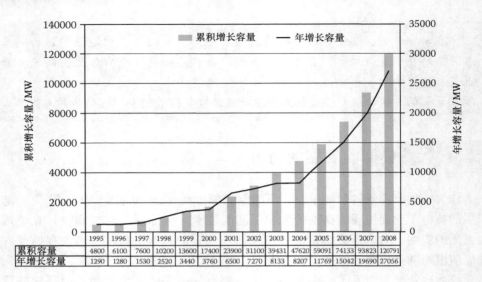

图 5-1　1995—2008 年全球风电容量

（来源：Global Wind Energy Council, Brussels, 2009）

岸上风源通常远离负荷中心。在北美，4 级和 4 级以上的可开发的岸上风电资源非常巨大，超过 2004 年的总发电量的 12 倍[27,28]。然而，美国主要的风源集中在人烟稀少的大平原和中西部地区，该地区超过一半的可开发的风电为 4 + 级别[29]。把成本低廉的电能从大平原输送到主要的城市电力需求中心，需要通过基本负荷为吉瓦规模的高电压等级传输线。压缩空气储能与多个吉瓦规模的风电场连接则可以满足这样的基本负荷需求。

因为增加压缩空气储能储能容量所带来的成本增长相对较低，因此压缩空气储能非常适合于提供长时间（>80h）的基本负荷电力。风电的季节性变化需要更大的存储容量[30]。典型的风电站的容量系数是 30%~40%，对于典型的基本负荷电站，风电与压缩空气储能联合系统的容量系数能够达到 80%~90%[10]。所以，风电和储能的配合加强了对已有传输线和新的风电专线的利用。这可以减轻传输的瓶颈并且使传输的附加设施和更新的需求达到最小化。论证报告表明，当风电渗透率为 10% 时，去除大规模储能会把风电的整体成本提高大约50%；当风电渗透率为 20% 时，配置双倍储能容量会降低 1.34 美元/MW·h 的整体投资。

2005 年，Greenblatt 估计，即使假设由于条件的限制，那些可开发地区风力资源 4 级以上的地区只有 50% 可以实现发电。全球范围内风电潜能也非常巨大。以北美为例，仅仅考虑陆地可开发地区中 4 + 级别风力只有 50% 可以利用，Greenblatt2007 年估计全球岸上风电潜能会达到 185000TW·h/年，离岸风能会达到49400TW·h/年。而全球 2004 年的发电量仅仅是 17400TW·h/年。

例子中的容量系数基于恒定的负荷需求。风电场的额定容量一般要大于负荷需求，压缩空气储能汽轮机的扩张容量要与之匹配，这样才能保证超出的风电能量被存储下来平衡随后的缺额。即使风电压缩空气储能联合系统恒定输出（即容量系数100％），配备更大容量的储能也是有必要的。

在那些传输容量受到限制的地区，存在把存储室与风机尽可能密集布局的优势，从而充分开发上文中所描述的收益。如果不可行，那么则没有必要来协调布局存储系统和风机。独立布局这些组件会使设备更加灵活地匹配理想风源、存储室的地质特性和天然气的供给。

5.3　系统的运行

除了在某些不同时刻发生的压缩和扩张操作之外，压缩空气储能的操作在很多方式上都与传统的燃气轮机的操作相似（见图5-2）。因为空气压缩需要的能量可以被单独提供，所以在膨胀期间，所有的汽轮机输出都可以被用来发电，而传统汽轮机从扩张状态到运行压缩机则大约消耗掉2/3的输出电力。

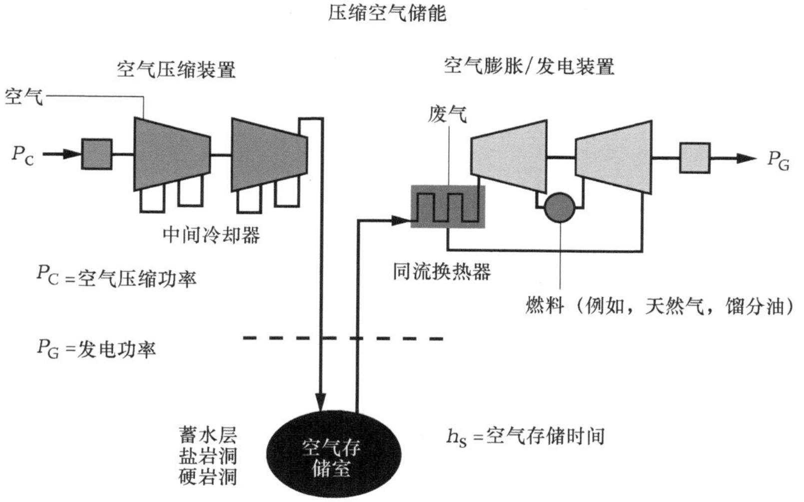

图 5-2　空气压缩系统配置图

在压缩模式下，电力用于驱动一系列的压缩机，压缩机将空气压缩到一个不保温的存储室，使空气存储在高压和室温状态下。压缩器链采用中间冷却器和末级冷却器来降低压缩空气的温度，从而加强了压缩效率，降低了对存储容量的需求，并且使容器壁承受的热压最小。

对带有大量压缩状态和中间冷却器的系统，即使通过压缩链中间冷却，也存在热量损失，但以额定温度存储的热效率仍然能够保证系统达到绝热压缩，

105

并且使空气存储在保温的洞穴之中。尽管冷却需要会使单元输入能量更高一些，但是由于压缩空气储能的输出是传统燃气轮机的 4 倍，因此总的燃料消耗仍然很低[32]。

扩张操作时（发电），空气从存储室中抽出，燃料（如天然气）在增压的空气中燃烧，燃烧的产物膨胀（典型的要经过两个阶段）重新发电。发电过程中，燃料的燃烧要考虑容量、效率和可操作性。以存储罐壁温度膨胀的空气需要更高温度的空气流来达到同样的汽轮机输出。因此，压缩器输入的能量需要增加到使增压的能量比率大致减少 4 倍的程度。此外，当燃烧过程中缺乏燃料时，尽管高压空气中的水汽含量非常小，但是流经汽轮机的大气流仍然能够降低汽轮机排气口的温度，带来叶片结冰的风险。另外，低温操作时，汽轮机的材料和密封性都会变得非常脆弱。

绝热的压缩空气储能设计可以在热能存储单元中捕获压缩的热量。例如，假定以 20℃ 恢复存储，进行绝热膨胀，压缩率为 45 倍，那么在汽轮机排气口的温度会达到 174℃。

5.4　适合于压缩空气储能的地质特性

适合于压缩空气储能的存储地质可以分为盐层、硬岩层、多孔岩。各类别总的分布面如图 5-3 所示。研究表明，在美国超过 75% 的地区能够满足地下空气储能所需要的地质条件。

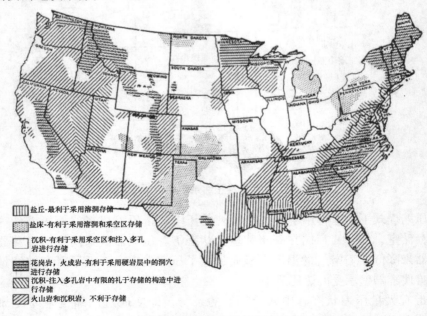

图 5-3　考虑地下存储的流体类型进行的区域分类

　　然而，上述研究仅仅是进行了宏观上的分析，并没有依据压缩空气储能所需要的详细特性对这些地区进行评估。尽管适应于压缩空气储能的地质条件分布广泛（这非常乐观），但是还需要进行大范围的调查。例如，图 5-3 中呈现的数据仅仅作为确定进一步的调查地区的一个基本参考，仍然需要用详细的地区和位置数据来确定适应于压缩空气储能安装的真实地质资源基础。

5.4.1　盐岩洞

　　图 5-4 展示的是两个当前正在运行的压缩空气储能装置，它们采用岩丘中的盐岩洞穴作为空气存储室。从不同的方面来讲，这是一种最直接的建设和运行结构。对于正在发展的储能容量需求来说，如果新鲜水能够充足供给，并且能进行高效率的盐水处理，采用溶洞进行空气存储则是一种可靠性高和成本低廉的方式（典型的存储成本是约为 2 美元/kW·h)[1,2]。另外，由于盐具有弹塑性，因此存储空气泄漏的风险很小[34,37]。然而，这种方式仍然面临着盐水处理、洞穴的发掘、鼠洞和爬行动物处理，以及汽轮机污染等诸多挑战[32]。

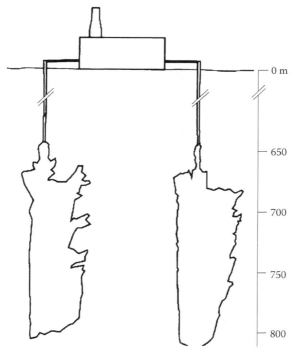

图 5-4　采用穹顶状盐岩洞进行空气存储的 Huntorf 压缩
空气储能结构示意图

（来源：F. Crotogino，K. U. Mohmeyer，and R. Scharf，HUNTORF 压缩空气储
能：More than 20 Years of Successful Operation，Solution Mining Research
Institute Meeting，Orlando，FL，2001）

在美国的中部、中北部和东北部地区存在大量的层状盐沉积物，在墨西哥湾沿岸盆地还具有穹状结构的盐沉积物[38]。尽管这些构造都能够应用于压缩空气储能，但是如果需要加大存储容量时，盐床仍然面临许多挑战。盐床容易变薄并含有更加高度集中的不纯净物，而这些不纯净的物质会严重影响结构稳定性[38]。从盐层穹顶形成的洞穴高而狭窄，有最小的屋顶跨距，Huntorf（见图5-4）和McIntosh的压缩空气储能均是典型的例子。因为空气的压力必须支撑更大的屋顶跨距，所以单薄的盐床不能支撑较大纵横比的设计。另外，杂质可能进一步影响洞穴的结构整体性，并且使大容量储能的发展变得更加复杂。

在美国，穹顶状结构的分布并不与图5-7所示的高质量的风源地区适应。而这种构造在欧洲则有着广阔的前景，如图5-5所示。

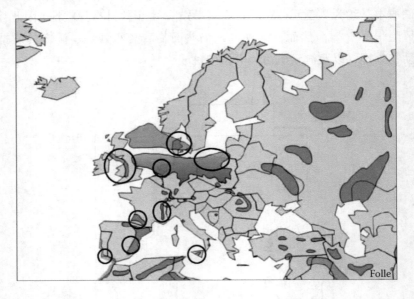

图5-5　欧洲穹顶状结构盐层与风源丰富地区分布的一致性
（圆形标注地区是为考虑压缩空气储能发展而进行调查的区域，来源：B. Calaminus,
Innovative adiabatic compressed air energy storage system of EnBW in Lower Saxony, Second
International Renewable Energy Storage Conference, Bonn, 2007）

5.4.2　硬岩层

尽管硬岩层是压缩空气储能设计的一个不错选择，但是建设一个新的矿井作为空气存储室的成本相对较高（约30美元/kW·h）。如果使用那些已经存在的矿井，生产成本则大约是10美元/kW·h[1,40,41]。Norton压缩空气储能是其中的典型的例子，该项目计划采用闲置的石灰石矿井。

目前，可以对包含混凝土衬砌隧道的岩基压缩空气储能系统进行详细的岩层稳定性、泄漏、和能量损失的评估[45-47]。测试领域中有几个大家熟知的类似计划[48]，其中包括近期在日本开展的两个：一个是应用在 Sunagaawa 煤矿前混凝土衬砌隧道上的 2MW 的测试系统；另一个是 Kamioka 矿井前隧道的水力密封测试[1]。

　　另外，电力研究院（EPRI）和 Luxembourg's Societé Electrique de l'Our SA utility 电站通过使用一个采用水补偿进行采掘的硬岩层洞穴，对测试设备进行了更新和评估[49]。在现场可以确定压缩空气储能系统操作的可行性，并对由于水井顶部位置分解空气而产生的水流不稳定性进行了特征提取并建立了模型。

　　在美国，许多适宜压缩空气储能的硬质岩地区与高质量的风源分布在一起[82]。然而，相对其他的地质条件而言，硬质岩的建设成本相对要高（因为那些已有的洞穴和废弃的矿井可用性非常有限[37]），因此，它不大可能是大规模压缩空气储能应用的首要选择。尽管将来采矿技术的发展可能会降低利用硬质岩的成本，但是其他的地质结构可能会更适应压缩空气储能的近期发展。

5.4.3　多孔岩

　　图 5-6 所示的多孔岩结构（例如盐碱含水层）非常适于压缩空气储能的发展。图 5-7 显示了美国中部广泛分布着大型的均匀含水层。由于在该地区分布有高质量的风源，其他地质结构的可用性和成本有效性也存在一定的局限，因此含水层压缩空气储能将是一种特别适应于该地区风电波动平衡的储能方式。

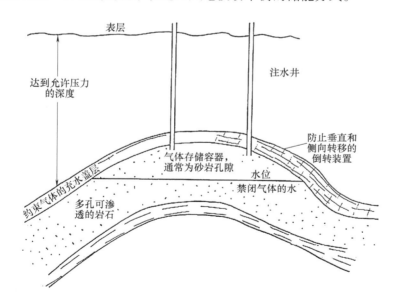

图 5-6　风力发电站配备的多孔岩层压缩空气储能系统

（来源：D. L. Katz and E. R. Lady. 1976. Compressed Air Storage for Electric

Power Generation. Ulrich，Ann Arbor，MI. With permission）

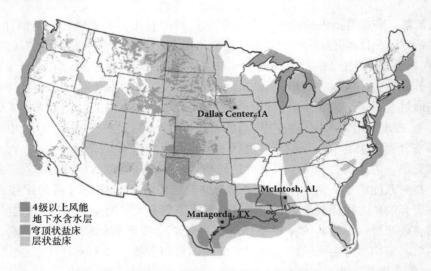

图 5-7　美国适应压缩空气储能的地质结构分布与高质量风能的分布比较

（来源：D. L. Katz and E. R. Lady. 1976. Compressed Air Storage for Electric Power

Generation. Ulrich，Ann Arbor，MI. With permission）

　　基于多孔岩层结构的压缩空气储能的总建设成本将依赖于存储岩层的特性，例如，单薄的、不易渗透的构造需要建造更多的井坑，因此建设成本更高。但是这种类型的地质结构仍然是最低成本的选择。压缩空气储能的预测总容量（工作气体和备用气体）的建设成本在 0.07~0.21 美元/m³，相当于采取类似结构进行天然气存储的建设成本估算[50]。可见，存储容量的投资成本为 2~7 美元/kW·h。该估算还依赖于选址地点的特性、备用气体容量与工作气体容量的比率为 5∶1 的假设。相比采用盐岩洞进行存储的估计成本（6~10 美元/kW·h），该值要略微低廉一些。盐岩洞存储是另一个比较经济的选择方式，见表 5-1。

表 5-1　几种不同储能系统成本比较

技　　术	成本容量/ （美元/kW）	成本能量/ （美元/kW·h）	存储小时数 /h	总成本/ （美元/kW）
压缩空气储能（300MW）	580	1.75	40	650
抽水蓄能（1000MW）	600	37.5	10	975
钠流电池（10MW）	1720~1860	180~210	6~9	3100~3400
钒流电池（10MW）	2410~2550	240~340	5~8	4300~4500

　　采用含水层存储的压缩空气储能有另一个诱人的优势，即它增加附加存储容量的成本比其他可选择的地质条件的成本要低廉得多。假设已经建设了足够的井坑来保证充足的空气流通到表面的汽轮机，增加存储容量的成本仅是增加气泡体

积所需要的压缩能量的成本[52]。其成本约为 0.11 美元/kW·h，比采用岩盐水溶开采要低一个数量级，比在硬岩层上采掘附加的洞穴进行存储的成本要低两个数量级还多[1]。

尽管采用含水层存储的压缩空气储能的建设成本低，可用的含水层分布广泛，但是项目是否可行仍然由备选地质构造的特性来决定。渗透性、多孔性和地质结构等都需要进行详细的测量，以判断地质构造在存储运行时的稳定性[52]。已有的关于天然气存储的工业经验是非常宝贵的，其中许多判定构造特性和项目建设的方法可以直接应用到含水层压缩空气储能的建设[53]。工业界大量的天然气存储经验为描述地下的存储媒介和评估季节性天然气存储地点提供了理论和实践的参考。关于二氧化碳存储容量的评估方法也可以进行借鉴，由于汽轮机入口高压的限制，二氧化碳达到超临界状态的最小深度（800m）是压缩空气储能的上限。

同时，天然气存储也为压缩空气储能的讨论提供了一个重要参考，即几个重要的差别必须要考虑，包括工作流体的物理特性差别（黏滞度、气体偏差系数）、由于引入氧气而导致的氧化和腐蚀的新机理等。另外，用于电压管理和风能支撑的压缩空气储能系统在一天之内可能会压缩和发电好几次。相比较而言，为了满足天然气季节性需求的波动，大部分的天然气存储设备在一年之内只会循环一次。这些是必须考虑到的重要差别。但目前已有更多的先进设计概念和缓解相关问题的技术可以用来满足这些需求。

尽管目前还没有成熟的商用系统，但是几个成功的试运行系统已经说明了使用含水层进行压缩空气存储的可行性。在意大利 Sesta，一个 25MW 基于多孔岩层压缩空气储能试运行设备已经运行了数年。尽管试运行很成功，但是一起地质事故导致了其被迫关闭[1]。另外，EPRI 和美国能源部在伊利诺伊州 Pieesfied 对多孔砂岩的构造进行了测试，以判断它们应用于压缩空气储能的可行性。第一个采用多孔岩层作为存储室的商用压缩空气储能设备，其测试计划将于 2010 年在爱荷华州达拉斯中心开展。

除了采用盐水含水层应用于压缩空气储能之外，还可以使用以含水层为基础的废弃的石油存储室和天然气存储室。由于已有大量的大容量天然气存储经验，许多关于残留碳氢化合物的问题也已经得到了广泛的研究。然而，氧气的注入是进行天然气存储时未曾面临的挑战。特别的是，那些残余的碳水化合物可能会引起燃烧的可能性，并导致在高压空气注入的位置上燃烧。

天然气与空气混合物的燃烧是另一个压缩空气储能系统操作需要关注的问题，把气体从活跃的气体流动区域排出可以大大减小这方面的危险。在某些例子中，注入氮气是一个可取的方法，它可以最小化空气和天然气的混合度，从而达到令人满意的效果。前述研究表明，这些方法可以充分地解决那些采用废弃天然气存储设备的压缩空气储能系统所面临的难题，并且这些地质结构可以提供合适的空气存储介质[53]。

5.5 已有的和在建、计划的压缩空气电站

5.5.1 德国 HUNTORF 电站

如图 5-8 和图 5-9 所示，在德国不来梅附近的 HUNTORF 电站是世界上第一个压缩空气储能电站，它建成于 1978 年。ABB 公司设计和制造了额定功率为 290MW 的设备，该设备可以为北海附近的核电站提供黑启动服务和便宜的尖峰负荷电力（注意：黑启动是设备在完全脱网时的启动能力）。因为核电站需要电力来进行重新启动，因此 HUNTORF 电站的设计具有部分的黑启动电力。电站已经成功地运行了 30 年，首先作为一个削峰单元，给系统中的其他的设备（水电）提供能量补充，以弥补由慢响应中负荷火电厂产生的发电缺口。据报道，该设备的可行性和启动的可靠性分别达到了 90% 和 99%。

图 5-8　HUNTORF 压缩空气储能电站鸟瞰图

（来源：F. Crotogino，K. U. Mohmeyer，and R. Scharf，HUNTORF 压缩空气储能：More Than 20 Years of Successful Operation，Solution Mining Research Institute Meeting，Orlando，FL，2001）

由于 HUNTORF 电站设计应用于削峰和黑启动，因此在初始设计中的储能容量设计为可以维持 2h 的额定输出。目前，设备进行了升级，储能可以提供 3h 的额定输出，并且越来越多地应用于平衡德国北部快速增长的风电输出[36,54]。电站在地下有两个合计 310000m³ 的盐岩洞，设计的气压运行范围为 48 ~ 66bar⊖。在运行的第一年，发现盐岩洞的空气会产生燃气轮机的氧化上升气流，于是安装了玻璃纤维增强塑料管（FRP）。因为汽轮机的扩张器对于燃烧空气中的盐分非常敏感，因此需要采用特殊的测量方法来保证汽轮机进口的空气达到可以接受的条件[36]。

⊖　1bar = 10⁵Pa，后同。

压缩和扩张部件分别以 108kg/s 和 417kg/s 的速率吸进和抽出空气。该操作包含两个阶段,第一个阶段汽轮机将空气从 46bar 膨胀到 11bar。由于汽轮机技术不适应这个压力范围,因此选择采用蒸汽轮机技术应用于高压膨胀阶段。通过在升压升温过程中提高热传递系数,以及采用合适的冷却和排放控制手段,相比低压轮机 825℃的高温,高压轮机进口的温度可以控制在 550℃。合适的燃烧进口温度可以使压缩空气储能操作所需要的汽轮机日常启动变得更加便利[55]。尽管装备了同流式回热器的设备可以以更低的热耗率运行(从低压汽轮机中回收废热给要进入高压汽轮机的空气进行预热),但对于最小化系统的启动时间,这个附加物仍然可以被忽略。

图 5-9　HUNTORF 压缩空气储能
电站机房实景图

(来源:A. J. Karalis, E. J. Sosnowicz, and Z. S. Stys, Air storage requirements for a 220 M We CAES plant as a function of turbo machinery selection and operation, IEEE Transactions on Power Apparatus and Systems, 104:803, 1985)

5.5.2　美国亚拉巴马州 McIntosh 电站

20 世纪 80 年代,尽管石油和天然气的高价导致了压缩空气储能作为一种便宜的峰值功率源得到了关注,但是实际的压缩空气储能设备却是在十年之后在美国才开始真正运行起来。亚巴拉马州电力公司在该州西南部的 McIntosh 盐丘建造了 110MW 的电站,并于 1991 年开始运行。该电站设计在满功率时能够进行 26h 的发电,使用了单一的岩洞(560000m³)进行空气存储,气压操作范围为 45~75bar。

Dresser-Rand 公司进一步发展了 McIntosh 电站项目,其中的许多运行特性(例如进气口的温度和压力)与英国设计的 HUNTORF 电站类似。McIntosh 电站设备包含同流式回热器,回热器在满负荷输出时可以减少约 22% 的燃料消耗,并且回热器是典型的双燃烧室,双燃烧室可以燃烧第二种燃料油作为天然气的补充[1]。

尽管设备在早期的运行中发生过停运事故,但通过改造高压燃烧室支架和低压燃烧室的重新设计已经改善了这些故障因素[58]。这些改进使设备在十年运行期间的平均启动可靠性达到了 91.2% 和 92.1%,发电和压缩循环的平均运行可靠性达到了 96.8% 和 99.5%。

5.5.3 美国俄亥俄州 Norton 在建项目

在 Norton，正在进行一项改造闲置的石灰岩矿井的计划，俄亥俄州将其作为 800MW 的压缩空气储能电站的空气存储室，初步计划将电站扩容到 2700MW，由 9 台 300MW 的燃气轮机组成。矿井购买于 1999 年，能够提供 960 万 m^3 的存储空间，运行气压为 55~110bar。

5.5.4 美国艾奥瓦州在建项目 IMAU

IMAU（Iowa Association of Municipal Utilities）是一个正在建设中的蓄水层压缩空气储能项目，项目位于计划与风场直接连接的达拉斯。2006 年 11 月，建设方正式宣告采用 268MW 的压缩空气储能电站来连接 75~100MW 的风场。压缩空气储能的设施占据了 Des Moines 周围 30mile 范围内约 40arce 的面积，使用了一个多孔砂岩结构中约 3000ft 深的背斜层来进行存储，可以存储距离该位置 100~200mile 范围内产生的风电。在经过了爱荷华州初始的 20 多个地点地质结构的筛选之后，这是第三个研究 ISEP 的地点。对精选地质结构的研究核实了其具有足够的大小、深度、顶层结构来支撑压缩空气储能的运行。

5.5.5 美国得克萨斯州计划项目

以下几个因素导致了得克萨斯州及其周边地区对发展压缩空气储能具有极大的兴趣。首先，得克萨斯州地区是当前美国最大和增长最快速的风力发电市场，其快速增长的风力发电给该地区现存的负荷跟踪容量带来了持续增长的负担。其次，对于风力发电发展者而言，随着风力发电渗透率的持续增长，必须减少由电能传输方面的瓶颈和缺失与邻近电网的互联而带来的风险。第三，在 HUNTORF 和 McIntosh 中应用的穹顶状盐洞构造在得克萨斯州也存在。这种地质构造已经证明了在压缩空气储能的运行条件下可以很好地工作，并且可以限制风险。因此，几个政党都宣称计划在得克萨斯州发展压缩空气储能，包括一个位于马塔戈达郡（Matagorda County）的 540MW 系统。该系统基于德莱赛兰公司（Dresser-Rand）在 McIntosh 的设计，由 4 台 135MW 的燃气轮机组成，并且利用了以前建成的盐洞。

5.6 压缩空气储能的运行和性能

5.6.1 爬坡、转换和部分负荷运行

压缩空气储能具有较高的部分负荷（即非满额定负荷）运行效率，如图 5-10 所示，非常适合于平衡风能等波动能源。因为对涡轮扩张器的输出进行了控制，相对于传统的燃气轮机，压缩空气储能的部分负荷的热耗率增加很小。压缩空气储能不是像传统的燃气轮机那样改变汽轮机进口的温度，而是调整空气流的速率和入口处的温度来控制压缩空气储能的输出，该温度在整个膨胀阶段要保持恒定不变。在部分负荷运行期间，这样的操作会带来更好的热利用率和更高的效率[56]。

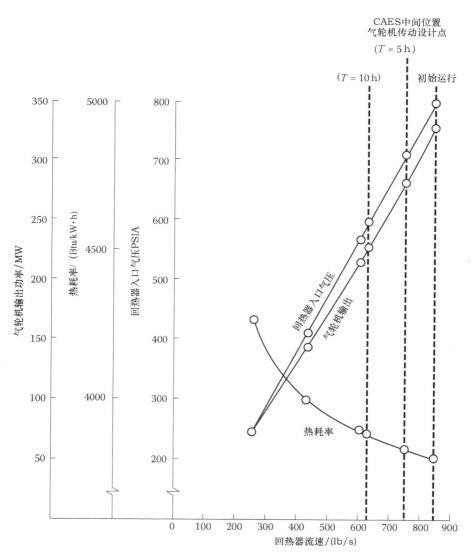

图 5-10　伊利诺伊州（Illinois）基于蓄水层存储的压缩空气储能汽轮机运行特征

（EPRI 设计，以上汽轮机输出和热耗率的计算未包含裕度，来源：Electric Power Research Institute，Compressed- Air Energy Storage Preliminary Design and Site Development Program in an Aquifer，EM- 2351，November 1982）

Mcintosh 压缩空气储能电站在满负荷和 20% 负荷时分别以 4330kJ/kW · h 和 4750kJ/kW · h 的热耗率传输功率[58]。这样优秀的部分负荷运行效率可以在模块化系统中得到加强，例如计划中的 Norton 电站，该设备中的满负荷输出可以进行多模块传输。在这个例子中，系统会缓降 2.2% 的满负荷输出，并且满负荷输出的热耗率仍然在 10% 之内。

压缩空气储能系统的爬坡速率要优于那些等效的燃气轮机。Mcintosh 电站能够以每分钟大约 18MW 进行变化，比典型的燃气轮机大 60%。岭能源存储（Ridge Energy Storage）公司计划的马塔戈达电站（Matagorda plant）设计了 4 个 135MW 的功率跟踪模块，可以在 14min 内达到满功率，或者在 7min 内达到满功率以应用于紧急启动。每模块每分钟转移功率为 9.6 ~ 19MW。快速的爬坡速率和高效率的部分负荷运行使压缩空气储能成为一种平衡风力发电随机波动的理想技术。

在初始化压缩操作时，汽轮机通常会使机械传动达到一定的速率。同步之后，汽轮机被脱开并且随之关闭，压缩机仍旧运行。也就是说，汽轮机被用来启动压缩和发电过程。在 Huntorf 压缩空气储能电站，从一个运行模式转换到另一种运行模式需要花费 20min 自动完成，在转换时间内，系统既不发电也不压缩空气[55]。切换时间的长短对于平衡风力发电的快速波动有显著的影响。选择其他的起动方式，例如使用辅助起动电动机，可以进一步地减少这个时间间隔[52]。

通过脱开压缩和涡轮扩张器机械的系统设计，可以完全消除操作切换时间的限制。通过分离这些元件替代传统的连接设计，可以直接进行压缩和扩张操作的切换。在 HUNTORF 和 McIntosh 系统中，传统的连接设计是采用经过一个联轴器的普通轴进行连接。这种改变也意味着可以不依赖于涡轮扩张器的设计进行压缩机的大小优化，同时允许在系统配置中使用标准生产的压缩机。

5.6.2 恒定容量和恒定气压

根据存储室的地质类型不同，压缩空气储能有许多不同的运行模式。最普通的模式是在恒定容量条件下运行。也就是说，存储容量是恒定不变的，刚性的存储器在合适的压力范围内运行。该种运行模式有两种设计选择：①允许高压汽轮机入口温度随着岩洞气压进行改变；②通过对上升气流的节流调节使之达到固定气压，从而来保持高压汽轮机入口温度恒定不变。尽管后一种方式由于节流调节损耗而需要更大的存储容量，但是由于入口温度的恒温运行带来了汽轮机效率的提高，因此在现有的压缩空气储能设备中一般采用该方式。HUNTORF 压缩空气储能设计通过节流调节把高压汽轮机入口处岩洞空气调节到 46bar（岩洞运行在 48 ~ 66bar 范围内）。类似地，McIntosh 系统把进入的空气调节到 45bar（运行在 45 ~ 74bar 范围内）。

第三种选择是在整个运行期间通过地上水库的水位来保持存储岩洞空气的恒压，如图 5-11 所示。采用水柱补偿的存储容量可以最小化系统损耗和提高系统效率，但是由于存在所谓的"香槟酒效应"，因此必须注意处理好水井中的流体不稳定性[64]。

因为持续的水流会分解岩洞壁，故上述技术不适于盐基洞穴。盐水的循环操作随着补偿水柱实现，补偿水柱通过与盛装饱和盐水的地表水池连接而形成。但是，这种方式会对生物产生影响，并造成地下水污染，这些问题迫切需要得到解决[56]。由于压力补偿运行不能应用于含水层系统，因此恒压压缩空气储能的运行模式不适于那些由硬岩层矿井作为存储室的系统。

5.6.3 洞穴尺寸

压缩空气储能的能量存储密度（见图 5-12）与最大的存储气压、存储空气的运行模式、存储气压比率（参见本章末附录有关的推导方程式）有关。在本章附录中考虑的三个例子中，电能存储密度 E_{Gen}/V_S 与存储室气压 $p_{S2}^{\ominus}$（或者等效于每单位容量的质量 M_w/RT_{S2}）大致呈线性增长关系。在一些例子中，这会导致大量的附加冷凝器热损耗，其具体损耗由岩洞的热参数决定[65]。

恒压补偿需要尽量采用体积最小的岩洞。Zaugg 对类似 HUNTORF 电站设计（存储气压 60bar）的配置进行了评估，该设计使存储岩洞

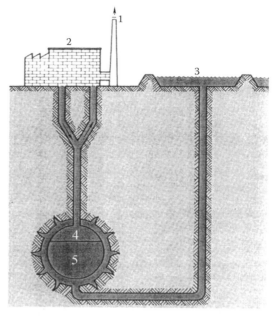

图 5-11　带水柱补偿的恒压压缩空气储能存储容器（来源：O. Weber，Air-storage gas tur-bine power station At HUNTORF，Brown Boveri Review，62：332，1975）

1—排气孔　2—压缩空气储能发电设备　3—表层水池　4—存储的空气　5—水柱

中的空气的保持恒压，如果要输出与恒容量配置（伴随着入口气压变化 p_{S2}/p_{S1} = 1.4）一样大小的输出，恒压设计仅仅需要其 23% 的存储容量[33]。如果没有硬岩层存储室，或者硬岩层存储室成本太高，压力补偿则不宜采用，此时实例 2 和实例 3 的设计则会更好。

值得注意的是，相对于入口气压可变的系统（实例 2），尽管实例 3 的节流损耗需要更大的容量，但其性能恶化并不明显（见图 5-12）。特别的是，节流损耗随着大的初始压力值（大于 60bar）会变小，这一点和所有现有的以及计划的压缩空气储能设备的运行是相容的。因为极小的性能恶化能被更高的汽轮机效率和简化的系统操作所带来的利益弥补，因此该种运行模式通常是压缩空气储能的最优选择（例如 HUNTORF 和 McIntosh 电站均采用该种模式）。

⊖ 尽管蓄水层的圆形顶不是刚性体，但是由于空气和水的交界面移动的时间尺度比压缩空气储能空气循环的时间尺度大得多，因此，该段内容中，多孔岩系统视为固定容量的空气存储室。

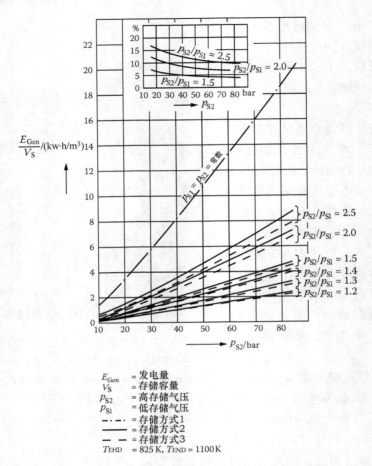

E_{Gen} = 发电量
V_S = 存储容量
p_{S2} = 高存储气压
p_{S1} = 低存储气压
—·—·— = 存储方式1
———— = 存储方式2
———— = 存储方式3
T_{EHD} = 825 K, T_{END} = 1100 K

图 5-12 不同存储方式下每单位容量产生的能量

（实例1-恒气压存储，实例2-下变气压存储，实例3-入口气压恒定下的变气压存储插入的小图显示了相对于实例2（入口气压可变）而言，实例3存在节流损耗。来源：P. Zaugg, Air-storage power generating plants, Brown Boveri Review, 62：338，1975）

　　然而，考虑到系统的地质特性，允许入口气压改变的系统也有其优点。例如，对于含水层系统，由于需要大量的衬垫气体，存储气压比率相当低（p_{S2}/p_{S1} < 1.5），这样的话，相对于设计点的工作性能而言，高压汽轮机能够以比较小的性能恶化代价，以高于满存储量空气的气压范围运行（见图5-13）[52,55]。

　　尽管可变气压存储器压缩空气储能系统比补偿存储器系统需要更大的存储容量，实质上，如果采用这样的系统设计——考虑使存储的气压范围达到与存储器和汽轮机机械气压限制相一致的程度，则可以减少所需要的容量。式（5-1）是入口节流调节方式下的水力补偿储能达到恒容量存储运行的能量密度比的函数。

$$1 - \left[\frac{p_{\text{S1}}}{p_{\text{S2}}}\right]^{\frac{1}{k_{\text{S}}}} \tag{5-1}$$

如图 5-13 所示，该指标随着 $p_{\text{S2}}/p_{\text{S1}}$ 增加。因此，对于同样的能量密度比选择能够容纳大压力波动和高的极限存储气压的结构，能够减小压缩空气储能电站所需要的占地面积。

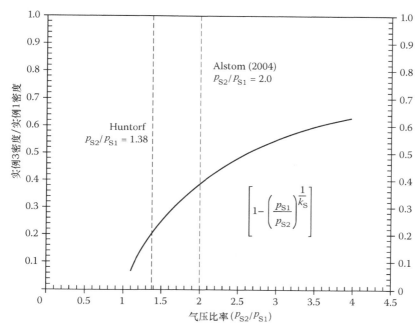

图 5-13　实例 3（恒定容量存储、恒定入口气压）和实例 1（气压补偿存储）之间的能量存储密度比率是实例 3 运行气压比率（$p_{\text{S2}}/p_{\text{S1}}$）的函数
（假定 $k_{\text{S}} = 1.4$，$(p_{\text{S2}}/T_{\text{S2}})/(p_{\text{S1}}/T_{\text{S1}}) = 1$）

对于低气压比率的系统，典型的能量存储密度数值 $E_{\text{Gen}}/V_{\text{S}}$ 为 $2 \sim 4 \text{kW} \cdot \text{h/m}^3$，例如 Huntorf 系统（$p_{\text{S2}}/p_{\text{S1}} = 1.38$；$p_{\text{S2}}/p_{\text{S2}} = 66\text{bar}$；$E_{\text{Gen}}/V_{\text{S}} = 3.74$）。对于更新的设计而言，能量存储密度数值可以达到 $6 \sim 9 \text{kW} \cdot \text{h/m}^3$。例如，Alstom 提出的设计中采用了更高的运行气压和更大的气压比率（$p_{\text{S2}}/p_{\text{S1}} = 2.0$；$p_{\text{S2}} = 110\text{bar}$；$E_{\text{Gen}}/V_{\text{S}} = 8.44$）[1,66]。

5.6.4　压缩空气储能系统的性能指标

传统的化石燃料电厂的能源性能很容易通过燃料的热能转化为电能的效率进行描述。压缩空气储能由于存在两种截然不同的能量输入情况使得描述变得复杂。一方面，电能用来驱动压缩机，天然气或石油的燃烧加热使之前的空气膨胀。这种情况使压缩空气储能很难通过一个单一的指标描述，而公认的最有用的指标取决于压缩空气储能的具体应用。在讨论一个单一的压缩空气储能性能指标的替代方案之前，我们应该单独考虑两个应用于任意输入的能量性能指标，即热耗率和充电转化率。

5.6.4.1 热耗率

热耗率（HR）——输出每千瓦小时消耗的燃料是许多压缩空气储能系统的一个设计参数，但设计选择中对热耗率影响最大的是热回收系统。换热器使系统能够捕获从低压涡轮的废气余热中预热收回的空气。无热回收系统下压缩空气储能的热耗率的值一般为 5500～6000kJ/kW·h（例如 Huntorf 电站的低热值为 5870kJ/kW·h），见表 5-2。采用换热器的热耗率通常是 4200～4500kJ/kW·h（例如 McIntosh 电站的 4330kJ/kW·h）。相比之下，传统的燃气轮机消耗的燃料至少是这个级别的两倍（约为 9500kJ/kW·h LHV），主要是因为电力输出的 2/3 用于压缩机的运行。由于压缩空气储能系统能够单独提供的压缩能源，所以其可实现热耗率要低得多[1,56]。

表 5-2　文献引用中的压缩空气储能的效率表达式和参数

参　数	定　义	标　准	
		无换热器	有换热器
热利用率	$\eta_F = \dfrac{E_T}{E_F}$	6000～5500kJ/kW·h（60%～65%）	4500～4200kJ/kW·h（80%～85%）
充电转换率	$\eta_{PE} = \dfrac{E_T}{E_M}$	1.2～1.4	1.4～1.6
主能量效率	$\eta_{PE} = \dfrac{E_T}{E_M/\eta_r + E_F}$	CAES 从核能充电（$\eta_r = 33\%$）[33]	
		24.5%	29.7%
		CAES 从燃料的充电（$\eta_r = 42\%$）[33]	
		28.2%	34.4%
		CAES 从热能和动力装置的充电（$\eta_r = 35\%$）[65]	
		—	35.1%～41.8%
		CAES 从电网基本负载充电（$\eta_r = 35\%$；CER = 1.4）[70]	
		—	42%～47%

（续）

参　　数	定　　义	标　　准	
		无换热器	有换热器
储能循环效率（1）	$\eta_{RT,1} = \dfrac{E_T}{E_M/\eta_{NG}E_F}$	4220kJ（LHV）/kW·h，CER = 1.5 （$\eta_{NG} = 47.6\%$）[10]	
			81.7%
储能循环效率（2）	$\eta_{RT,2} = \dfrac{E_T - E_F\eta_{NG}}{E_M}$	4220kJ（LHV）/kW·h，$E_o/E_i = 1.5$ （$\eta_{NG} = 38.2\%$）[74]	
			82.3%
二次效率	$\eta_{II} = \dfrac{E_T}{E_{T,REV}}$	$T_o = 15C$，$T_{MAX} = 900C$，$P_S = 20bar$[67]	
		58.7%	68.3%

5.6.4.2　充电转换率

压缩空气储能的第二个性能指标是充电效率（CER），即发电机输出转换到压缩机输入的比例。由于输入的是燃料，所以 CER 大于 1，其取值范围通常为 1.2 ~ 1.8（kW·houtpat/kW·hinpat）[1,33,67]。CER 需要考虑到管道节流损失和压缩机膨胀的效率。节流损失是一个存储器压力范围的一个指标。水轮机的效率在线性增长阶段显得尤为重要，而大部分的熵下降发生在能量产生的3/4时段[68]。增高的汽轮机入口温度（例如，通过使用膨胀冷却技术）将提高汽轮机和压缩空气储能发电效率[69]。

5.7　单参数压缩空气储能性能指标

表 5-2 列出了几个关于压缩空气储能的单参数性能指标。最简单的定义效率 η 是涡轮机的能量 E_T 与涡轮产生的电能传送到压缩机的能量 E_M 和燃料产生的热能 E_F 的总和之比，即

$$\eta = \frac{E_T}{E_M + E_F} \tag{5-2}$$

典型的 HR 和 CER 值分别为 4220kJ/kW·h 和 1.5，即意味着 $\eta = 54\%$。然而，由于燃料的热能和压缩机提供的电能在质量上存在很大的差异，故其总和是没有意义的数字。为了估计压缩空气储能的总能量输入，有必要将燃料和压缩机的电能用一个等效的能量度量基础来进行表达。一种比较接近的方法是把电能输入转

换为等数量级的热能。

5.7.1 主能量效率

当压缩空气储能把基本负荷的热能转换成用电高峰的电能（替代燃气轮机或其他峰值单元）时，可以引入一个定义在基本负荷热利用率（η_{PE}）之上的主能量效率 η_T。原有的压缩机能量输入 E_M 被有效的热能输入所替换产生现有的 E_M。因此，整体效率值反映系统（电网＋压缩空气储能）的效率，它是主要能量（热能）转换成电能的效率：

$$\eta_{PE} = \frac{E_T}{E_M / \eta_T + E_F} \tag{5-3}$$

这种方法已经被应用到压缩空气储能单元，而压缩空气储能的能量能从核能电站和化石燃料电站[33]、热电联产电站[65]、电网平均基本负荷电能[70]中充电获得。假设 $\eta_T = 40\%$（看做是一个现代的超临界蒸气电厂）和 $\eta_{PE} = 35\%$，并假设其他参数都易于计算。

按照这个原则，通过使用风力涡轮机的大气效率 η_{WT} 替换热电厂效率 η_T，系统效率的公式则可以应用于风能/压缩空气储能系统。

这一公式由 Arsie 等人提出，他们计算出的系统效率为 39%[71]。然而，在这种情况，使用大气效率与使用热效率仍然存在功能差异。就化石燃料或核能作为压缩机能量源而言，热效率能够衡量传输电能 E_M 所需要的主燃料数量。相比之下，在风能中提取的"燃料"不影响环境或电站的整体成本。所以，对被捕获的用于提供 E_M 的大气动力能量数值的测量并不是非常有益的。就支持可再生能源的压缩空气储能系统而言，也并不是计算压缩空气储能效率的最优公式。

5.7.2 储能循环效率

一个由风能供电的压缩空气储能单元可以采用某些电力存储选项作为风能备份，例如电化学或泵水力发电。这些可供选择的存储系统的特性通常由一个全循环的电力存储效率 η_{RT} 来描述，该指标等于电能输出/电能输入。为了便于压缩空气储能和其他电能存储设备的比较，引进了另一种全循环效率，该效率使用了"有效"的电能输入，即 $E_M + \eta_{NG}E_F$。第二项可以从天然气输入 E_F 中产生的电量值，燃料没有应用在压缩空气储能单元，而是用在效率为 η_{NE} 的单一电站中发电。储能的循环效率 $\eta_{RT,1}$ 定义如下：

$$\eta_{RT,1} = \frac{E_T}{E_M + \eta_{NG}E_F} \tag{5-4}$$

这种方法的优点在于提供了一种电能到电能的全循环存储效率，并且该效率忽略了电能到压缩空气来回转换过程中的能量损失。关于 η_{NG} 的几个值已经被提出，其中包括假设的卡诺循环效率[67]、简单的商业循环效率以及联合电厂的效率[10,72]。对于典型的天然气发电系统（热耗率为 6700～9400kJ/kW·h），假设输出是输入的 1.5 倍，热耗率是 4220kJ（LHV）/kW·h，压缩空气储能循环效率为 77%～89%。一个传统的压缩空气储能系统的有效能分析表明，47.6% 的输入燃料能量转换为电气工作能量[73]。对于所测量热效率，系统的循环效率是 81.7%。

能量循环效率 $\eta_{RT,2}$ 的另一种计算引入了输出校正 $E_F\eta_{NG}$。它并不是用燃料的输入作为有效的电能输入，电能的输出则减去了燃料对输出的影响值。相应地由电能输入导致的输出值为 $E_T - E_F\eta_{NG}$[74]。

$$\eta_{RT,2} = \frac{E_T - E_F\eta_{NG}}{E_M} \qquad (5\text{-}5)$$

然而，分子项中估计了不归因于天然气输出而产生的残余输出，因此，该式存在一定的误差。

因此，转换效率因子用来从压缩空气储能单元的整体输出中分离出那部分产生于传统燃气轮机中的输出。相比对压缩空气储能系统燃料转换效能基准的测量而言，一个单机的天然气燃气轮机的效率（38%）是更合适的基准标记。对 $\eta_{RT,1}$ 和 CT 转换效率使用相同的假设，其循环效率是 82.8%，与上述取得的测试值一致。因此，依据选择的测试指标，压缩空气储能的循环效率大约是 82%，这与其他的大容量储能技术的循环效率大致相当，如抽水蓄能（74%）和钒电池（75%）[72]。

5.8 其他度量方法

Schainker 等人提出压缩空气储能效率的其他一些度量方法，可能有益于对压缩空气储能在负荷均衡和套利应用上的经济性评估。这种方法和 $\eta_{RT,1}$ 类似，因为它们都把燃料输入作为一个校正因子，即

$$\eta_{AD} = \frac{E_T}{E_F/CR + E_M} \qquad (5\text{-}6)$$

然而，在这种情况下，输入燃料转换为等值的电能，并不是对天然气使用主要能量转换效率，而是通过使用成本比率 CR（等于非高峰的电价/燃料价格）[75]。尽管指标可能有助于决定如何操作运行一个指定的压缩空气储能单元，但是，该指标随着时间的变化和地理区域的不同有巨大的变化，所以它不是一个有用的通用性电站指标。

对压缩空气储能效率的最终描述是把压缩空气储能的输出比作为运行的环境温度在 T_0 和 T_{max} 之间，并且热力学特性理想的压缩空气储能电站的输出为[67]

$$\eta_{\text{II}} = \frac{E_{\text{T}}}{E_{\text{T,REV}}} \tag{5-7}$$

$$E_{\text{T,REV}} = E_{\text{M}} + E_{\text{F}} - T_{\text{o}}\Delta S = E_{\text{M}} + E_{\text{F}} - T_{\text{o}}E_{\text{F}}/T_{\text{MAX}} \tag{5-8}$$

对常规的压缩空气储能系统进行分析,一个装备了换热器系统效率是 $\eta_{\text{II}} =$ 68%,没有装备换热器系统的效率则是 59% ~ 61%$^{\ominus}$。

最终,效率度量仍然是一个悬而未决的问题,因为热能和电能的数量并不能靠代数处理组合在一起。本节所给出的公式,只是提供了一个与其他存储技术比较的基础。综上所述,相关的表达式在很大程度上取决于具体的应用。

5.9 前沿技术

虽然商业化的压缩空气储能电站已经运行了几十年,但该技术仍处于发展的初期阶段。可以从这样的事实反映出来,现有的两个电站主要是基于传统的燃气轮机和蒸汽轮机技术。因此,随着各种技术水平的提高,在相对较少的产品周期内,系统的性能将会得到提高,并且系统的成本将会降低。

在热能量存储的压缩过程中热量回收和存储非常具有吸引力,因为它减少了(也许是消除了)压缩空气储能燃料需求和温室气体的排放量。余热回收可在部分或整个的压缩阶段内实施,存储的热量可以替代燃料加热从压缩空气储能洞穴收回的空气,从而部分的或完全消除了对天然气的需求[67]。要达到经济上可行,燃料成本的降低值必须补偿热量回收存储系统额外增加的成本。早期的研究发现,需要高的燃油价格来支撑这种系统的可行性,因为制造用于商业用途的绝热型压缩空气储能系统是非常昂贵的[76-80]。

然而,最近的研究表明,随着压缩机和汽轮机系统的改进,新的热量回收存储技术可能会使所谓的先进的绝热压缩空气储能(AA-CAES)技术变得经济可行(见表5-3)[17,81]。这样一种包含高效率汽轮机和大容量热量回收存储的绝热压缩空气储能概念,可以使 循环效率达到约70%并且没有燃料消耗(见图5-14)[39]。需要注意的是,通过中间冷却器实现多级压缩的绝热系统的效率增益很小[82],并且风能/压缩空气储能系统的燃料消耗和温室气体排放量也比较小[10]。

$\ominus$ 未装备换热器系统的效率变化范围反映了由于存储气压变化所导致系统性能的变化 $p_{\text{S2}} = 20 \sim 70\text{bar}$,对于装备了换热器的系统,效率的变化小于1%。

表 5-3　AA-压缩空气储能的主要热能存储（TES）概念

	固体液的 TES					液体的 TES		
概念	岩石层	变形 热风炉	混凝墙	铸铁 平板	混合 材料	两水槽	单水槽 变温层	空气液体
接触方式	直接	直接	直接	直接	直接	间接	间接	间接
存储材料	石头	陶瓷	混凝体	铸铁	陶瓷，盐	硝酸盐 矿物油	硝酸盐 矿物油	硝酸盐 矿物油

注：存储技术的选择基于 120 ~ 1200MW·h 的热能传输能力、出口温度的高一致性维持能力和完整的温度覆盖能力（50 ~ 650℃）。

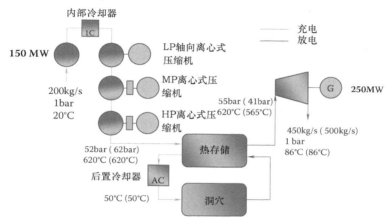

图 5-14　AA-压缩空气储能的主要热能存储（TES）概念

（来源：B. Calaminus，Innovative adiabatic compressed air energy storage system of EnBW in Lower Saxony，Second International Renewable Energy

Storage Conference，Bonn，2007）

　　另一种提议是使用生物燃料来重新加热从存储室收回的空气。这样可以减少温室气体排放量和减小燃料价格波动对电站效益的影响[83]。它可以使压缩空气储能在燃料生产地运行，从而便于在偏远的风力资源丰富地区使用能量作物，并消除了天然气供应的需要。然而，在绝热情况下，排放量收益会很小，因为风能/压缩空气储能的排放水平已经相当低，大约是装备 CCS 的煤/煤气化联合循环（IGCC）电站的 $\frac{2}{3}$[10]。另外，风能/压缩空气储能系统专用的生物燃料厂也需要燃料存储，为了提高成本效率，生物燃料必须由全速运行的大型工厂制造，而此时用于支持风能的压缩空气储能扩张因数是合适的[10]。

　　一种为风力应用而提出的压缩空气储能变化体具有紧凑型的空气压缩机，将取代风机短舱中的发电机。这将使风力发电机组直接压缩空气，从而消除两个能量转换过程。然而，减少的损失和汽轮机成本的下降将不得不弥补增加的紧凑型压缩机成本和大量用来输送压缩空气的高压管道网络成本。

　　相比较把间歇性风能与压缩空气储能耦合在一起来得到基本负荷电力，压缩空气储能也可以和煤炭 IGCC 电站连接在一起，压缩空气储能可以连接基本负荷电力系统。这样便于使用该系统来提供负荷跟踪和峰值功率，这也是起初为压缩空气储能预想的功能之一[84,85]。

　　改进压缩空气储能的汽轮机是一个有前途的创新领域。压缩空气储能涡轮机的工作温度可能会升高，引进传统的燃气轮机中的而非商业压缩空气储能单元中的涡轮叶片冷却技术可以提高它们的效率。

　　其他先进的压缩空气储能技术包括各种加湿和蒸气喷射技术，这些技术可以提高系统的输出功率并降低储能的要求[86]。联合循环的压缩空气储能的是另一种设想，它允许即使当压缩的空气存储耗尽时，系统仍然可以发电[87,88]

　　最近的一个混合压缩空气储能系统设计采用了标准的燃气轮机代替传统压缩空气储能系统中扩展的燃气轮机链。从存储收回的空气通过涡机轮排气口的同流换热器加热，而不是像传统的压缩空气储能电站那样采用燃烧燃料加热。然后，热气推动涡轮机来提高输出。商业技术的使用和去除燃料燃烧室可以大幅降低成本，并且为早期采用的大容量存储提供一个低风险选择。这种空气喷射压缩空气储能（AI-CAES）电站也包括达到底部的循环和热量回收存储系统来进一步减少燃料消耗[57,89]。

　　尽管新的压缩空气储能的概念将可能带来气体存储运行和风能存储方式的重大改变，但在实践中学习会导致对现有压缩空气储能的设计产生重大的改进，因此性能和成本收益很有可能在短期内得到提升。新的压缩空气储能技术在市场上推出后，相比成熟的技术，新技术的成本可望能够以更快的速度下降，并且以更快的速度被装备。如果可以获得大量的前期市场运行经验，这种现象则能很好地预示风能/压缩空气储能，并将成为缓和基本负荷电力导致气候变化的一种有效选择。

5.10　结论

　　传统上，压缩空气储能技术已用于电网运行支撑，如调节控制和负荷转移，但是一个重要的、新的、特别是与全球碳排放限制相关的时机是，可以实现那些远离电力需求中心的大型间歇性风能资源的电力开发。压缩空气储能显示了将风能转化为全球主流电源所必需的特性。

　　增强风力在基本负荷中的比例需要短的响应时间以适应压缩机功率和汽轮机负荷波动。压缩空气储能的快速爬坡输出和高效的部分负荷运行能力，使得它特别适合平抑某些波动。而平抑波动的性能特征在已有的压缩空气储能电站中一般并未被要求，为了保证电力价格高时有电可用，这些已有的压缩空气储能电站仅简单地进行低价离峰电力存储。

空气存储容量的需要会在大约15%的风力发电场区域上表现出地质方面的影响，这一数据表明压缩空气储能对土地利用和生态环境的影响相对有限。

风力资源丰富的地区有潜在的大量适合构建压缩空气储能的地质区域，意味着压缩空气储能是一种适当的从风力发电中产生基本负荷电力的技术——有储能的情况下风电在电网的渗透率可远大于20%，没有储能则风力发电只能在电网的渗透率低于20%时才能正常运行。另外，风能资源丰富的地区一般远离主要电力市场，产生的基本负荷电力经常要通过高压输电线路以更有吸引力的价格被传送到远距离外的市场。

含水层的压缩空气储能似乎是最合适美国地质的风能/压缩空气储能系统，不仅仅因为系统开发成本低的潜质，还由于美国的多孔岩石地质分布与陆上风力资源丰富的地区分布具有强烈的相关性。含水层的压缩空气储能技术研究了近三十年，但第一个商业化电站最近才正式宣布。然而，大量的商业经验可以从天然气存储行业得到，因为其地质状况与压缩空气储能要满足季节性热需求波动的地质需求类似。天然气存储室的评估方法已被证明可直接适用于含水层的压缩空气储能开发，但是使用甲烷和液化空气时，需要考虑其几个重要差异。必须仔细描述当地的矿物特征、已有的细菌数量、相关的腐蚀机制，以预测和防止由于空气引入多孔的地下媒质而造成的问题。许多方法可以减轻这些因素的影响，如空气脱水、微粒过滤、杀菌灭藻等均将有助于进一步增加合适压缩空气储能的地点数量。尽管必须考虑各种问题，但是显然不会影响压缩空气储能作为大规模储能强有力的候选方案的可行性。

要量化压缩空气储能的完整开发潜力，需要现有的多孔岩构造更详细的特征分析和大量电站在多样化地质条件下的运行经验。

参 考 文 献

1. Electric Power Research Institute and U.S. Department of Energy. 2003. *Handbook of Energy Storage for Transmission and Distribution Applications.* Palo Alto, CA, and Washington.

2. Electric Power Research Institute and U.S. Department of Energy. 2004. *Energy Storage for Grid-Connected Wind Generation Applications.* Palo Alto, CA, and Washington.

3. S. M. Schoenung. 2001. Characteristics and Technologies for Long-vs. Short-Term Energy Storage: A Study by the DOE Energy Storage Systems Program. Sandia National Laboratories, Albuquerque, New Mexico.

4. F. R. McLarnon and E. J. Cairns. 1989. Energy storage. In *Annual Review of Energy,* Vol. 14, p. 241.

5. A. Gonzalez, B. Ó. Gallachóir, E. McKeogh et al. May 2004. Study of Electricity Storage Technologies and Their Potential to Address Wind Energy Intermittency in Ireland. Department of Civil and Environmental Engineering, University College Cork.

6. L. W. M. Beurskens, M. D. Noord, and A. F. Wals. December 2003. Analysis in the Framework of the Investire Network: Economic Performance of Storage Technologies, Energy Research Centre of the Netherlands, Petten.

7. Cambridge Energy Research Associates. 2002. Energy Storage: An Emerging Competitor in the Distributed Energy Industry. Cambridge, MA.

8. Electric Power Research Institute. 2005. Wind Power Integration: Energy Storage for Firming and Shaping, Palo Alto, CA.

9. A. J. Cavallo, 1995. High-capacity factor wind energy systems, *Journal of Solar Energy,* 117: 137.

10. J. B. Greenblatt, S. Succar, D. C. Denkenberger et al. 2007. Baseload wind energy: modeling the competition between gas turbines and compressed air energy storage for supplemental generation, *Energy Policy,* 35: 1474.

11. J. F. DeCarolis and D. W. Keith, 2006. The economics of large-scale wind power in a carbon constrained world. *Energy Policy,* 34: 395.

12. I. Arsie, V. Marano, G. Rizzo et al. 2006. Energy and Economic Evaluation of a Hybrid Power Plant with Wind Turbines and Compressed Air Energy Storage. *ASME Power Conference*, Atlanta, GA.

13. P. Denholm, G. L. Kulcinski, and T. Holloway. 2005. Emissions and energy efficiency assessment of baseload wind energy systems, *Environmental Science and Technology,* 39: 1903.

14. A. Cavallo. 2007. Controllable and affordable utility-scale electricity from intermittent wind resources and compressed air energy storage (CAES). *Energy,* 32: 120.

15. N. Desai, S. Nelson, S. Garza et al. August 21, 2003. Study of Electric Transmission in Conjunction with Energy Storage Technology, Lower Colorado River Authority, Texas State Energy Conservation Office, Austin.

16. N. Desai, S. Gonzalez, D. J. Pemberton et al. June 27, 2005. Economic Impact of CAES on Wind in Texas, Oklahoma, and New Mexico. Texas State Energy Conservation Office, Austin.

17. G. Salgi and H. Lund. 2006. Compressed air energy storage in Denmark: a feasibility study and an overall energy system analysis. World Renewable Energy Congress, Florence.

18. D. J. Swider. 2007. Compressed air energy storage in an electricity system with significant wind power generation. *IEEE Transactions on Energy Conversion,* 22: 95.

19. D. L. Katz and E. R. Lady. 1976. *Compressed Air Storage for Electric Power Generation.* Ulrich, Ann Arbor, MI.

20. Z. S. Stys. 1977. Compressed air storage for load leveling of nuclear power plants. In *Proceedings of 12th Intersociety Energy Conversion Engineering Conference,* vol. 2. American Nuclear Society, Washington, p. 1023.

21. K. G. Vosburgh, D. C. Golibersuch, P. M. Jarvis et al. 1977. Compressed air energy storage for electric utility load leveling. In *Proceedings of 12th Intersociety Energy Conversion Engineering Conference* vol. 2. American Nuclear Society, Washington, p. 1016.

22. B. Sorensen. 1976. Dependability of wind energy generators with short-term energy storage. *Science,* 194: 935.

23. H. Holttinen, B. Lemström, P. Meibom et al. 2007. Design and Operation of Power Systems with Large Amounts of Wind Power: State-of-the Art Report. VTT Technical Research Centre, Vuorimiehentie, Finland.

24. EnerNex Corporation. May 22, 2006. Wind Integration Study for the Public Service Company of Colorado.

25. E. A. DeMeo, G. A. Jordan, C. Kalich et al. 2007. Accomodating wind's natural behavior. *IEEE Power and Energy*, 5: 59.

26. R. DeCorso, L. Davis, D. Horazak et al. 2006. Parametric study of payoff in applications of air energy storage plants: an economic model for future applications. PowerGen International Conference, Orlando, FL.

27. International Energy Agency. 2006. World Energy Outlook 2006. Paris.

28. J. B. Greenblatt. October 1, 2005. Wind as a Source of Energy Now and in the Future. Interacademy Council, Amsterdam.

29. D. L. Elliott, L. L. Wendell, and G. L. Gower. August 1991. Assessment of Available Windy Land Area and Wind Energy Potential in the Contiguous United States. U.S. Department of Energy, Pacific Northwest Laboratory, Richland, WA. PNL-7789, DE91 018887.

30. A. J. Cavallo and M. B. Keck. 1995. Cost Effective Seasonal Storage of Wind Energy. Houston, p. 119.

31. R. Wiser and M. Bolinger. May 2007. Annual Report on U.S. Wind Power Installation, Costs, and Performance Trends, 2006. U.S. Department of Energy, Washington, 02007-2433.

32. A. Ter-Gazarian. 1994. *Energy Storage for Power Systems*. Redwood Books, Trowbridge, UK.

33. P. Zaugg, 1975. Air storage power generating plants. *Brown Boveri Review*, 62: 338.

34. K. Allen. 1985. CAES: the underground portion, *IEEE Transactions on Power Apparatus and Systems*, 104: 809.

35. B. Mehta. 1992. CAES geology. *EPRI Journal*, 17: 38.

36. F. Crotogino, K. U. Mohmeyer, and R. Scharf. 2002. Huntorf CAES: More Than Twenty Years of Successful Operation. Solution Mining Research Institute Meeting Orlando, FL.

37. W. F. Adolfson, J. S. Mahan, E. M. Schmid et al. 1979. Geologic Issues Related to Underground Pumped Hydroelectric and Compressed Air Energy Storage. 14th Intersociety Energy Conversion Engineering Conference, Boston.

38. K. L. DeVries, K. D. Mellegard, G. D. Callahan et al. 2005. Roof Stability for Natural Gas Storage in Bedded Salt. U.S. Department of Energy, National Energy Technology Laboratory Topical Report RSI-1829, DE-FG26-02NT41651.

39. B. Calaminus. 2007. Innovative Adiabatic Compressed Air Energy Storage System of EnBW in Lower Saxony. Second International Renewable Energy Storage Conference, Bonn.

40. K. Sipila, M. Wistbacka, and A. Vaatainen. 1994. Compressed air energy storage in an old mine. *Modern Power Systems*, 14: 19.

41. S. Shepard and S. van der Linden. 2001. Compressed air energy storage adapts proven technology to address market opportunities. *Power Engineering*, 105: 34.

42. M. Schwartz and D. Elliott. 2001. Remapping of the Wind Energy Resource in the Midwestern United States. Third Symposium on Environmental Applications, Annual Meeting of American Meteorological Society, Orlando, FL.

43. M. Schwartz and D. Elliott. 2004. Validation of updated state wind resource maps for the United States. In *Proceedings of the World Renewable Energy Congress*

VIII, Denver. Elsevier, Amsterdam.

44. D. Elliott and M. Schwartz. 2002. Validation of new wind resource maps. In *Conference Proceedings of American Wind Energy Association, WindPower 2002 Conference*, Portland, OR.

45. B. R. Mehta. 1990. Siting compressed air energy storage plants. In *Proceedings of American Power Conference*, Chicago, p. 73.

46. Y. Zimmels, F. Kirzhner, and B. Krasovitski. 2003. Energy loss of compressed air storage in hard rock. In *Fourth International Conference on Ecosystems and Sustainable Development*, Siena, Italy, p. 847.

47. T. Brandshaug and A. F. Fossum. 1980. Numerical studies of CAES caverns in hard rock. In *Mechanical, Magnetic, and Underground Energy Storage Annual Contractors' Review*, Washington, p. 206.

48. N. Lihach. 1982. Breaking new ground with CAES. *EPRI Journal*, 7: 17.

49. Electric Power Research Institute. 1990. Compressed Air Energy Storage Using Hard Rock Geology: Test Facility and Results. Palo Alto, CA.

50. Federal Energy Research Commission. September 30, 2004. Current State of and Issues Concerning Underground Natural Gas Storage. AD04-11-000.

51. Electric Power Research Institute. August 1994. Evaluation of Benefits and Identification of Sites for a CAES Plant in New York State. Palo Alto, CA, TR-104268.

52. Electric Power Research Institute. November 1982. Compressed-Air Energy Storage: Preliminary Design and Site Development Program in an Aquifer. Palo Alto, CA, EM-2351.

53. Electric Power Research Institute. 1990. Compressed Air Energy Storage: Pittsfield Aquifer Field Test. Palo Alto, CA, GS-6688.

54. S. van der Linden. 2006. Bulk energy storage potential in the USA: current developments and future prospects. *Energy*, 31: 3446.

55. A. J. Karalis, E. J. Sosnowicz, and Z. S. Stys. 1985. Air storage requirements for 220 MWe CAES plant as function of turbomachinery selection and operation. *IEEE Transactions on Power Apparatus and Systems*, 104: 803.

56. O. Weber. 1975. Air storage gas turbine power station at Huntorf. *Brown Boveri Review*, 62: 332.

57. S. van der Linden. 2007. Review of CAES systems development and current innovations. In *Electrical Energy Storage Applications and Technology Conference*, San Francisco.

58. V. De Biasi. 1998. The 110 MW McIntosh CAES plant: over 90% availability and 95% reliability. *Gas Turbine World*, 28: 26.

59. L. Davis and R. Schainker. 2006. Compressed air energy storage (CAES): Alabama Electric Cooperative McIntosh Plant overview and operational history. In *Electricity Storage Association Meeting: Energy Storage in Action*, Knoxville, TN.

60. Ohio Power Siting Board. March 20, 2001. Staff Report of Investigation and Recommended Findings. Public Utilities Commission of Ohio, Columbus.

61. Ohio Power Siting Board. March 8, 2006. Staff Investigation Report and Recommendation. Public Utilities Commission of Ohio, Columbus.

62. J. A. Strom. February 22, 2007. Norton Energy Storage: Annual Project Progress Status Report to Ohio Power Siting Board Staff.

63. Iowa Association of Municipal Utilities. 2006. Site for ISEP development is officially announced. *IAMU Newsletter*, p. 1.

64. A. J. Giramonti and E. B. Smith. 1981. Control of Champagne Effect in CAES Power Plants. Atlanta, p. 984.
65. B. Elmegaard, N. Szameitat, and W. Brix. 2005. Compressed air energy storage (CAES) possibilities in Denmark. 18th International Conference on Efficiency, Cost, Optimization, Simulation and Environmental Impact of Energy Systems, Trondheim.
66. I. Tuschy, R. Althaus, R. Gerdes et al. 2004. Evolution of gas turbines for compressed air energy storage. *VGB Powertech*, 85: 84.
67. E. Macchi and G. Lozza. 1987. Study of thermodynamic performance of CAES plants including unsteady effects. In *Gas Turbine Conference and Exhibition*, Anaheim, CA, p. 10.
68. D. R. Hounslow, W. Grindley, R. M. Loughlin et al. 1998. Development of a combustion system for a 110 MW CAES plant. *Journal of Engineering for Gas Turbines and Power: Transactions of ASME*, 120: 875.
69. I. Tuschy, R. Althaus, R. Gerdes et al. 2002. Compressed air energy storage with high efficiency and power output, *VDI Berichte*, p. 57.
70. Y. S. H. Najjar and M. S. Zaamout. 1998. Performance analysis of compressed air energy storage (CAES) plant for dry regions. *Energy Conversion and Management*, 39: 1503.
71. I. Arsie, V. Marano, G. Nappi, et al. 2005. A model of a hybrid power plant with wind turbines and compressed air energy storage. In *ASME Power Conference*, Chicago, p. 987.
72. P. Denholm and G. L. Kulcinski. June 2003. Net Energy Balance and Greenhouse Gas Emissions from Renewable Energy Storage Systems. Energy Center of Wisconsin, Madison.
73. P. Zaugg. 1985. Energy flow diagrams for diabatic air storage plants. *Brown Boveri Review*, 72: 179.
74. P. Denholm and G. L. Kulcinski. 2004. Life cycle energy requirements and greenhouse gas emissions from large scale energy storage systems. *Energy Conversion and Management*, 45: 2153.
75. R. Schainker, M. Nakhamkin, J. R. Stange et al. 1984. *Turbomachinery Engineering and Optimization for 25 and 50 MW Compressed Air Energy Storage Systems*. Elsevier, Amsterdam.
76. I. Glendenning. 1981. Compressed air storage, *Physics in Technology*, 12: 103.
77. D. Kreid. 1978. Analysis of advanced compressed air energy storage concepts. In *ASME Thermophysics and Heat Transfer Conference*, Palo Alto, CA, p. 11.
78. S. C. Schulte, 1979. Economics of thermal energy storage for compressed air energy storage systems. In *Proceedings of Mechanical and Magnetic Energy Storage Review Meeting*, Washington, p. 191.
79. R. B. Schainker, B. Mehta, and R. Pollak. 1993. *Overview of CAES Technology*. Chicago, p. 992.
80. R. W. Reilly and D. R. Brown. 1981. Comparative economic analysis of several CAES design studies. In *ASME Proceedings of Intersociety Energy Conversion Engineering Conference*, Atlanta, p. 989.
81. C. Bullough, C. Gatzen, C. Jakiel et al. 2004. Advanced adiabatic compressed air energy storage for integration of wing energy. In *European Wind Energy Conference*, London.
82. S. Succar and R. H. Williams. February 2008. Compressed Air Energy Storage: Theory, Operation and Applications. Princeton Environmental Institute, Princeton, NJ.

83. P. Denholm. 2006. Improving the technical, environmental and social performance of wind energy systems using biomass-based energy storage. *Renewable Energy*, 31: 1355.

84. M. Nakhamkin, M. Patel, E. Swensen et al. 1991. Application of air saturation to integrated coal gasification. CAES Power Plant Concepts, San Diego, CA.

85. M. Nakhamkin, M. Patel, L. Andersson et al. 1991. Analysis of integrated coal gasification system. CAES Power Plant Concepts, San Diego, CA.

86. M. Nakhamkin, E. Swensen, P. Abitante et al. 1992. Technical and economic characteristics of compressed air energy storage concepts with air humidification. In *Second International Conference on Compressed Air Energy Storage*, San Francisco.

87. K. Yoshimoto and T. Nanahara. 2005. Optimal daily operation of electric power systems with an ACC-CAES generating system. *Denki Gakkai Ronbunshi (Japan)*, 152: 15.

88. M. Nakhamkin, E. Swensen, R. Schainker et al. 1991. Compressed air energy storage: survey of advanced CAES development. CAES Power Plant Concepts, San Diego, CA.

89. M. Nakhamkin. 2006. Novel compressed air energy storage concepts. In *Energy Storage Association Meeting: Energy Storage in Action*, Knoxville, TN.

附录　存储量要求

评估压缩空气储能的地质需求的关键之一是要清楚空穴存储量单位体积（E_{Gen}/V_S）产生的电能是多少。涡轮机输出电能（E_{Gen}）如下计算

$$E_{Gen} = \eta_M \eta_G \int_0^t \dot{m}_T w_{CV,TOT} dt \tag{5-9}$$

式中，积分项是空气和燃料的涡轮膨胀所产生的机械能；$w_{CV,TOT}$ 是这个过程中单位产生的总机械能；$\dot{m}_T$ 是空气流动的速度；t 是储满功率输出所需的时间；η_M 是涡轮机的机械效率（这反映了涡轮机轴承的损失）；η_G 是发电机效率。

由于所有的压缩空气储能系统都是基于两个阶段完成工作的，故工作输出可以表示为两个阶段的输出的总和。第一阶段反映了涡轮机输出空气进口压力（p_1）和低压涡轮进气压力（p_2）。第二阶段反映了气压 p_2 到气压 p_b 的扩展形式。

$$w_{CT,TOT} = w_{CV1} + w_{CV2} = -\int_{p_1}^{p_2} v dp - \int_{p_2}^{p_b} v dp \tag{5-10}$$

首先考虑第一个膨胀阶段的输出。假设绝热压缩和工作流体是理想气体，并具有恒定的比热（$Pv^k = c$ 是一个常数，$k_1 \equiv c_{p1}/c_{v1}$），单位输出如下

$$\begin{aligned} w_{CV1} &= \int_{p_2}^{p_1} v dp \\ &= c^{1/k_1} \int_{p_2}^{p_1} \frac{dp}{p^{1/k_1}} \\ &= \frac{k_1}{k_1 - 1} \left[p \left(\frac{c}{p} \right)^{1/k_1} \right]_{p_2}^{p_1} \end{aligned} \tag{5-11}$$

$$= \frac{k_1}{k_1 - 1}(p_1 v_1 - p_2 v_2) \tag{5-12}$$

$$= \frac{c_v}{c_p - c_v} \frac{c_p}{c_v} p_1 v_1 \left(1 - \frac{p_2 v_2}{p_1 v_1}\right) \tag{5-13}$$

$$= c_p T_1 \left[1 - \left(\frac{p_2}{p_1}\right)^{\frac{k_1 - 1}{k_1}}\right] \tag{5-14}$$

第二阶段也给出了相似的表达式如下:

$$w_{\text{CV,TOT}} = c_{p1} T_2 \left\{ \frac{c_{p1} T_1}{c_{p2} T_2} \left[1 - \left(\frac{p_2}{p_1}\right)^{\frac{k_1 - 1}{k_1}}\right] + \left[1 - \left(\frac{p_b}{p_2}\right)\right]^{\frac{k_2 - 1}{k_2}} \right\} \tag{5-15}$$

此外,通过涡轮机总的质量可以表示为空气质量和燃料质量的形式,即

$$\dot{m}_T = \dot{m}_A + \dot{m}_F = \dot{m}_A \left(1 + \frac{\dot{m}_F}{\dot{m}_A}\right) \tag{5-16}$$

由于

$$\frac{\dot{m}_F}{\dot{m}_A} \approx 常数 \tag{5-17}$$

结果如下所示:

$$\frac{E_{\text{Gen}}}{V_S} = \frac{\alpha}{V_S} \int_0^t \dot{m}_A \left(\beta + 1 - \left(\frac{p_b}{p_2}\right)^{\frac{k_2 - 1}{k_2}}\right) \mathrm{d}t \tag{5-18}$$

式中

$$\alpha = \eta_M \eta_G c_{p2} T_2 \left(1 + \frac{\dot{m}_F}{\dot{m}_A}\right) \tag{5-19}$$

$$\beta = \frac{c_{p1} T_1}{c_{p2} T_2} \left[1 - \left(\frac{p_2}{p_1}\right)^{\frac{k_1 - 1}{k_1}}\right] \tag{5-20}$$

情况 1 洞穴压力为常数

首先,考虑压缩空气储能系统的常数在坚硬的岩石洞压力的情况下,如液压补偿(见图5-12)。空气质量变化在整个过程中是恒定的,并可以表示为一个简单的比例:

$$\dot{m}_A = \frac{m_A}{t} = \frac{p_S V_S M_W}{R T_S t} \tag{5-21}$$

依此类推,由于入口的压力和温度在此时是常数,式(5-18)可以减缩为

$$\frac{E_{\text{Gen}}}{V_S} = \frac{\alpha}{V_S} \dot{m}_A \left(\beta + 1 - \left[\frac{p_b}{p_2}\right]^{\frac{k_2 - 1}{k_2}}\right) \int_0^t \mathrm{d}t \tag{5-22}$$

故综合公式为

$$\frac{\dot{E}_{\mathrm{Gen}}}{V_{\mathrm{S}}} = \frac{\alpha M_{\mathrm{W}}}{RT_{\mathrm{S}}} p_{\mathrm{S}} \left(\beta + 1 - \left(\frac{p_{\mathrm{b}}}{p_2} \right)^{\frac{k_2-1}{k_2}} \right) \tag{5-23}$$

情况 2　变化的洞穴压力和变化的涡轮机入口压力

当压缩空气储能系统的水轮机进水压力是可变的情况下，允许不同的存储量范围（从 p_{S2} 到 p_{S1}）。然而，由于整个涡轮压力比（p_2/p_1）保持不变，p_{S} 与整个低压涡轮的压力比是成正比的[33]，即

$$\frac{p_{\mathrm{b}}}{p_2} = \frac{p_1}{p_2} \frac{p_{\mathrm{b}}}{\varphi p_{\mathrm{S}}} = \frac{常数}{p_{\mathrm{S}}} \tag{5-24}$$

$$\dot{m}_{\mathrm{A}} = \frac{\mathrm{d}}{\mathrm{d}t} \left(\frac{V_{\mathrm{S}} p_{\mathrm{S}} M_{\mathrm{W}}}{RT_{\mathrm{S}}} \right) = \frac{\mathrm{d}}{\mathrm{d}t} \left(\frac{V_{\mathrm{S}} p_{\mathrm{S}} M_{\mathrm{W}}}{RT_{\mathrm{S2}}} \left(\frac{p_{\mathrm{S2}}}{p_{\mathrm{S}}} \right)^{\frac{k_{\mathrm{S}}-1}{k_{\mathrm{S}}}} \right) \tag{5-25}$$

$$\dot{m}_{\mathrm{A}} = \frac{1}{k_{\mathrm{S}}} \left[\frac{V_{\mathrm{S}} M_{\mathrm{W}}}{RT_{\mathrm{S2}}} \left(\frac{p_{\mathrm{S2}}}{p_{\mathrm{S}}} \right)^{\frac{k_{\mathrm{S}}-1}{k_{\mathrm{S}}}} \right] \frac{\mathrm{d}p_{\mathrm{S}}}{\mathrm{d}t} \tag{5-26}$$

把式（5-24）和式（5-26）代入式（5-18）可得：

$$\frac{\dot{E}_{\mathrm{Gen}}}{V_{\mathrm{S}}} = \frac{\alpha M_{\mathrm{W}}}{RT_{\mathrm{S2}}} \frac{p_{\mathrm{S2}}^{\frac{k_{\mathrm{S}}-1}{k_{\mathrm{S}}}}}{k_{\mathrm{S}}} \int_{p_{\mathrm{S1}}}^{p_{\mathrm{S2}}} \left(\frac{1}{p_{\mathrm{S}}} \right)^{\frac{k_{\mathrm{S}}-1}{k_{\mathrm{S}}}} \left(\beta + 1 - \left(\frac{p_1}{p_2} \frac{p_{\mathrm{b}}}{\varphi p_{\mathrm{S}}} \right)^{\frac{k_2-1}{k_2}} \right) \mathrm{d}p_{\mathrm{S}} \tag{5-27}$$

$$= \frac{\alpha M_{\mathrm{W}}}{RT_{\mathrm{S2}}} \frac{p_{\mathrm{S2}}^{\frac{k_{\mathrm{S}}-1}{k_{\mathrm{S}}}}}{k_{\mathrm{S}}} \left\{ (\beta + 1) \int_{p_{\mathrm{S1}}}^{p_{\mathrm{S2}}} \left(\frac{1}{p_{\mathrm{S}}} \right)^{\frac{k_{\mathrm{S}}-1}{k_{\mathrm{S}}}} \mathrm{d}p_{\mathrm{S}} - \left(\frac{p_1}{p_2} \frac{p_{\mathrm{b}}}{\varphi} \right)^{\frac{k_2-1}{k_2}} \int_{p_{\mathrm{S1}}}^{p_{\mathrm{S2}}} \left(\frac{1}{p_{\mathrm{S}}} \right)^{\frac{k_{\mathrm{S}}-1}{k_{\mathrm{S}}} + \frac{k_2-1}{k_2}} \mathrm{d}p_{\mathrm{S}} \right\} \tag{5-28}$$

$$= \frac{\alpha M_{\mathrm{W}} p_{\mathrm{S2}}}{RT_{\mathrm{S2}} k_{\mathrm{S}}} \left\{ (\beta + 1) \frac{1}{p_{\mathrm{S2}}^{\frac{1}{k_{\mathrm{S}}}}} \int_{p_{\mathrm{S1}}}^{p_{\mathrm{S2}}} \left(\frac{1}{p_{\mathrm{S}}} \right)^{\frac{k_{\mathrm{S}}-1}{k_{\mathrm{S}}}} \mathrm{d}p_{\mathrm{S}} - \left(\frac{p_1}{p_2} \frac{p_{\mathrm{b}}}{\varphi} \right)^{\frac{k_2-1}{k_2}} \frac{p_{\mathrm{S2}}^{-\frac{k_2-1}{k_2}}}{p_{\mathrm{S2}}^{\frac{1}{k_{\mathrm{S}}} + \frac{1}{k_2} - 1}} \int_{p_{\mathrm{S1}}}^{p_{\mathrm{S2}}} (p_{\mathrm{S}})^{\frac{1}{k_{\mathrm{S}}} + \frac{1}{k_2} - 2} \mathrm{d}p_{\mathrm{S}} \right\} \tag{5-29}$$

$$= \frac{\alpha M_{\mathrm{W}} p_{\mathrm{S2}}}{RT_{\mathrm{S2}} k_{\mathrm{S}}} \left\{ (\beta + 1) \left(1 - \left(\frac{p_{\mathrm{S1}}}{p_{\mathrm{S2}}} \right)^{1/k_{\mathrm{S}}} \right) - \left(\frac{p_1}{p_2} \frac{p_{\mathrm{b}}}{\varphi p_{\mathrm{S2}}} \right)^{\frac{k_2-1}{k_2}} \frac{1}{k_{\mathrm{S}} \left(\frac{1}{k_{\mathrm{S}}} + \frac{1}{k_2} - 1 \right)} \left(1 - \left(\frac{p_{\mathrm{S1}}}{p_{\mathrm{S2}}} \right)^{\frac{1}{k_{\mathrm{S}}} + \frac{1}{k_2} - 1} \right) \right\} \tag{5-30}$$

情况 3　变化的洞穴压力和恒定的涡轮机入口压力

在第三种情况下，我们认为回收的空气让水库的压力遏制了涡轮机的入口压力，以保证流动的质量和膨胀的输出是恒定不变的。

在第一种情况下，积分项代表涡轮机机械输出在时间上的平均值，但在这种

情况下，空气质量可以克服存储压力的波动。

$$\dot{m}_{\mathrm{T}} = \frac{\Delta m_{\mathrm{A}}}{t}\left(1 + \frac{\dot{m}_{\mathrm{F}}}{\dot{m}_{\mathrm{A}}}\right) \tag{5-31}$$

$$\Delta m_{\mathrm{A}} = \frac{V_{\mathrm{S}}p_{\mathrm{S2}}}{RT_{\mathrm{S2}}} - \frac{V_{\mathrm{S}}p_{\mathrm{S1}}}{RT_{\mathrm{S1}}} = \frac{V_{\mathrm{S}}p_{\mathrm{S2}}}{RT_{\mathrm{S2}}}\ \left(1 - \left[\frac{p_{\mathrm{S1}}}{p_{\mathrm{S2}}}\right]^{\frac{1}{k_{\mathrm{S}}}}\right) \tag{5-32}$$

把上式代入到式（5-18）可得：

$$\frac{E_{\mathrm{Gen}}}{V_{\mathrm{S}}} = \frac{\alpha M_{\mathrm{W}}p_{\mathrm{S2}}}{RT_{\mathrm{S2}}}\left(\beta + 1 - \left(\frac{p_{\mathrm{b}}}{p_2}\right)^{\frac{k_2-1}{k_2}}\right)\left(1 - \left[\frac{p_{\mathrm{S1}}}{p_{\mathrm{S2}}}\right]^{\frac{1}{k_{\mathrm{S}}}}\right) \tag{5-33}$$

第6章 电池储能

Isaac Scott 和 Se-Hee Lee

6.1 引言

可再生能源发电（比如太阳能发电和风力发电）为满足未来的能量需求提供了巨大潜力。但是，要利用这些间歇性可再生能源发出的电，需要足够的电能存储（EES）装置。上至国家和区域电网，下至家庭和汽车，充足和耐用的电能存储装置都是广泛采用可再生能源的主要制约因素之一。因此，要将大规模太阳能或风力发电付诸实践，用以满足持续的能量需求，以及有效平抑这些能源的波动特性的新 EES 系统的发展至关重要。

化学储能装置（电池）和电化学电容（EC）是目前领先的 EES 技术[1]。两者都基于电化学，它们的本质区别在于，电池将能量存储在有能力产生电荷的化学反应物中，而电化学电容直接以存储电荷的形式储能。尽管电化学电容是一种有希望的储能技术，尤其是考虑到其高功率容量，但是其能量密度太低，无法用于大规模储能。基于这个原因，本章不涉及电化学电容。本章主要讨论用于大规模储能的可充电电池技术[2]。在众多可充电电池技术中，将详细论述 4 种（铅酸电池，钠硫（NaS）电池，全钒液流电池和锂离子电池（Li-ion））[3]。将通过讨论一个基于钠硫电池系统的范例来说明电池在大规模储能中的实际应用[4]。全钒液流电池（VRB）也将被论述，因为它们能够扩容到更大的存储容量，并且与需要整修电极的常规电池相比，具有实现更长寿命和更低周期成本的巨大潜力。最后论述了锂离子电池，它们显示出了应用于大规模储能的潜力。

一个电池包含一个或多个电化学单元，这些单元被串联或并联起来以提供所需的电压和功率。阳极是负电性电极，它产生向外做功的电子。阴极是正电性电极，正离子通过电化学单元、电子通过外电路向它迁移。电解质允许离子的流动，比如说锂离子在锂离子电池中能从一极流向另一极。这种流动受限于电子而非离子。电解质必须在两极处都是稳定的，通常是盐类溶解在溶剂中形成的溶液。

集流体允许电子流入或流出电极，一般是金属，并且不可与电极或电解质材料发生反应。单体电压决定于单体中发生的化学反应的能量。阳极和阴极实际上是复杂的复合材料。除了活性物质，它们还包含用于粘结粉末结构的高分子粘结剂和导电剂（比如炭黑），以使整个结构具有导电性，这样电子能被输送给活性物质。另外，这些成分被结合起来以保证足够的孔隙率，使电解液能渗入粉末结构，以便离子到达反应区。

6.1.1　蓄电池或可充电电池

蓄电池或可充电电池被广泛应用于多种场合，比如汽车的起动、照明和点火，工业卡车上的物料搬运设备，应急和备用电源，便携设备（比如工具、玩具、照明设备），以及消费类电子产品（计算机、可携式摄像机、手机）。最近，将蓄电池用于纯电动汽车和混合动力汽车电源以及用于平抑电网负荷波动的大规模储能，重新引起了人们的兴趣。已有很多发展计划被启动，用来改进现有的电池系统或开发新的电池系统，以满足上述新应用领域的严格规范。

电池储能在电力行业中的应用使便宜的基荷能量得以充分利用，通过调峰和进行很多其他应用来获利。这降低了成本，并且能够灵活应对环境的限制。分析表明，电池储能能使现代电力行业的发电、输电、配电、用电等各方受益。电池系统仅仅用于发电负荷平衡尚不足以调整系统的成本。然而，当单一的电池系统用于多种相互协调的应用（比如频率调节和热备用）时，系统通常被认为具有良好的经济性。

商品化的铅酸电池能满足某些确定的储能应用要求，现在已应用于世界范围内的一批示范工程中。其他先进的电池还有更大的降低成本潜力，并能进一步提高市场应用机遇。这些机遇由先进电池可以预见的优势产生：更低的成本，更小的占地面积，免维护，并且即使在高度变化的工作循环下也具有高可靠性。电池储能为太阳能、风能等间歇性可再生能源发电系统带来显著益处。可再生能源发电时电池充电，当可再生能源不发电时，这些能量可以被放出。根据应用场合不同，运行特性差异很大。对光伏系统，典型的应用包括村落供电、遥测、远程通信、偏远家庭供电以及照明。近期应用于电动汽车、混合动力汽车和电力行业的主要是商品化的可充电电池。在过去的十年中，它们中的很多已经被改进，以满足新兴应用的需求。在大多数情况下，它们可能需要进一步的改进以达到经济可行性。

6.2　能量和功率

四种蓄电池系统的定量比较见表6-1。

6.2.1　铅酸电池

所有铅酸电池的基本化学组成相同。正电极由二氧化铅（PbO_2）组成，负电极由金属铅（Pb）组成。两种电极中的活性物质都具有高孔隙率，以使表面积最大化。电解液是硫酸，当电池充满电时其质量百分比通常约为37%。主要原材料是高纯度铅。铅被用于制备合金（随后转化成板栅）和氧化铅（随后先转化成糊状，最后转化成正极的二氧化铅活性物质和负极的海绵状铅活性物质）。

表 6-1 主要蓄电池系统的特性

	铅酸电池	钠硫电池	锂离子电池	全钒液流电池
化学物质				
阳极	Pb	Na	C	$V^{2+} \leftrightarrow V^{3+}$
阴极	PbO_2	S	$LiCoO_2$	$V^{4+} \leftrightarrow V^{5+}$
电解质	H_2SO_4	β-氧化铝	有机溶剂	H_2SO_4
单体电压				
开路电压	2.1	2.1	4.1	1.2
工作电压	2.0~1.8	2.0~1.8	4.0~3.0	
比能量/(W·h/kg)	10~35	133~202	150	20~30
能量密度/(W·h/L)	50~90	285~345	400	30
放电曲线	平坦	平坦	倾斜	平坦
比功率	中	高	中	高
(W/kg)	35~50	36~60	80~130	110
循环寿命（循环次数）	200~700	2500~4500	1000	12000
优点	成本低，高倍率性能好	可能的低成本，循环寿命长，能量高，功率密度好，效率高	比能量高，能量密度高，自放电率低，循环寿命长	能量高，效率高，充电率高，替换成本低
缺点	能量密度有限，析氢	热量管理，安全性，密封和耐冻融性	低倍率（与水溶液电解液相比）	电解液的交叉混合

活性物质前体的准备包括对铅和氧化铅（PbO + Pb）混合物、硫酸和水的一系列混合和固化操作。反应物的比例和固化条件（温度，湿度和时间）影响结晶的发展和孔隙结构。固化的极板包含硫酸铅、氧化铅和少量残留的铅（<5%）。通过电化学方式在固化的极板上生成的正极活性物质是影响铅酸电池性能和寿命的主要因素。一般而言，负极或者说铅极决定了电池的低温性能（比如低温下的发动机起动）。

纯铅作为板栅材料太软，一般通过添加金属锑来增加硬度。锑的质量百分比为5%~12%，主要取决于其供应情况和价格。现在常用的、特别是用于深循环铅酸电池的合金，含有4%~6%的锑。板栅合金的趋势是用更低比例的锑，在1.5%~2%的范围内，以减少电池所需的维护（加水）。当锑的含量低于4%时，有必要添加少量其他元素，以防止板栅的结构缺陷和脆裂。这些元素，比如硫、铜、砷、硒、碲，以及这些元素的各种化合物，可作为晶粒细化剂来减小铅粒的尺寸。

氧化铅被转换成一种可塑的膏状物质，以便附着在板栅上。氧化铅在机械搅拌器中与水和硫酸混合。硫酸作为膨胀剂，硫酸越多，极板的密度越低。液体的总量和所用搅拌器的类型将影响最终的铅膏稠度（黏度）。通过挤压可使铅膏与板栅结合起来，形成电池极板，这个过程被称为"涂板"。铅膏被手铲或涂板机压入板栅的空隙。通过固化处理使铅膏成为有附着力的、多孔的物质，并在铅膏和板栅之间产生粘结剂。最简单的单体由一个正极板、一个负极板和两者之间的隔板组成。多数单体包含 3～30 个极板以及所需数量的隔板。独立式或叶片式隔板被广泛运用。包围正极或负极极板，或同时包围两极极板的包状隔板被越来越普遍地用于小型的密封式电池、动力电源和保证生产的备用电池，并且能控制制造过程的铅污染。隔板用于使每个极板与距之最近的反电极电气绝缘，但是必须有足够高的孔隙率，以允许酸液流入或流出极板。当单体放电时，两电极都转化成硫酸铅。充电时反应逆向进行。放电时的半电池反应如下：

正极：$PbO_2 + 3H^+ + HSO_4^- + 2e^- \longrightarrow PbSO_4 + 2H_2O$

负极：$Pb + HSO_4^- \longrightarrow PbSO_4 + H^+ + 2e^-$

放电的总反应为

$$PbO_2 + Pb + 2H_2SO_4 \longrightarrow 2PbSO_4 + 2H_2O$$

如上所述，正、负电极的基本电极反应涉及溶解-沉淀机理，而不是固态离子迁移或成膜机理。由于电解液中的硫酸在放电过程中被消耗并生成水，所以电解液是"活性"物质，并且在某些电池产品中会成为限制容量的物质。当单体接近满充、大多数 $PbSO_4$ 已经转化成 Pb 或 PbO_2 时，单体充电电压变得高于析气电压（大约 2.39V 每单体），过充反应开始，导致氧气和氢气的产生（析气）和水的减少。在密封铅酸电池中，通过令产生的氧气在负极板与氢气复合来控制这个反应，以将析氢和失水降至最低程度。

固定的电池通常用于为控制或开关操作提供直流电源，以及用于变电站、发电厂和远程通信系统的应急备用电源。大多数情况下，这些电池处于所谓的浮充状态。充电器以较小的充电电流使它们保持满充电压，这样，它们在需要的时候可以被投入使用。继电器、断路器或电动机通电时以及供电中断期间电池放电。在这种应用中，长寿命和少维护比能量和功率密度更为重要。部分地由于这个原因，固定电池自 20 世纪早期引入后发展相对较小。这种电池的结构也倾向于极其保守，在小心慎重使用的情况下现有结构具有极长的使用寿命，通常长为 30～40 年。长期浮充期间电解造成的失水必须定期补充。电池包含装有额外电解液的大电解液槽，以延长维护的间隔。

6.2.2　钠硫（NaS）电池

福特汽车公司被认为于 20 世纪 60 年代率先研究了基于 β-氧化铝（β-Al_2O_3）的固体电解质钠硫电池[5]。钠硫电池的基本单体结构和相关的电化学反应如图 6-1 所

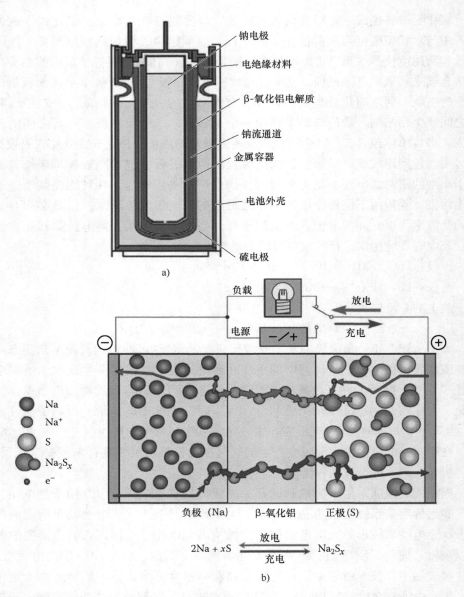

钠电极

电绝缘材料

β-氧化铝电解质

钠流通道

金属容器

电池外壳

硫电极

a)

负载

电源

放电

充电

⊖   ⊕

Na

Na⁺

S

Na₂Sₓ

e⁻

负极（Na）   β-氧化铝   正极(S)

$$2Na + xS \underset{充电}{\overset{放电}{\rightleftharpoons}} Na_2S_x$$

b)

图6-1   a)钠硫电池单体，以及 b）充放电过程中电子和离子的运动

（由 NGK Insulation Ltd. 提供）

示。液态钠是负极的活性物质，β-Al_2O_3 作为电解质。单体电池是长圆柱形，被装入一个惰性金属的容器，顶部被气密的氧化铝盖密封。这种电池尺寸越大，经济性越好。在商业应用中，单体电池被组装成电池组以更好地保温。当电池运行时，充放电循环产生的热量足以维持运行温度，不需要外部热源。

利用金属钠的可充电高温电池技术为许多大规模储能应用提供了有吸引力的解决方案。一些用途包括发电和配电（负荷平衡、电能质量和调峰），一些用途包括为车辆（电动汽车，公交车，卡车，以及混合动力公交车和卡车）供电和用作空间电源（航天卫星）。用于电力行业的被统一称为固定电池，以区别于动力电池。钠硫技术在20世纪70年代中期被采用，其后被不断改进[6]。这种系统的优缺点总结见表6-2。

表6-2　钠硫系统的特性和主要缺点

特　性	备　注
优　点	
相对其他先进电池有潜力实现低成本；循环寿命长；能量高；功率密度好；运行灵活，能量效率高；对环境条件不敏感；SOC状态容易辨识	原材料便宜，密封，免维护；液态电极；低密度活性物质；单体电压高；工作条件范围广（倍率，放电深度，温度）；由于100%的库仑效率循环效率>80%；合理的内阻；密封的高温系统；充电末期的高阻；由于100%的库仑效率，可以直接对电流积分
缺　点	
热量管理；安全性；密封和耐冻融性	需要有效的封装，以维持能量效率并提供足够的放置时间；必须控制熔融活性物质的反应；由于使用了可能遭受高强度热驱动产生的机械应力而断裂韧度有限的陶瓷电解质，因此在腐蚀性环境中要求单体密封性

从钠硫电池的发明到20世纪90年代中期，钠硫电池系统被认为是能够满足许多新兴的、有市场前景的储能应用需要的领先技术之一。其中最令人感兴趣的应用是为电动汽车供电。由于巨大的潜在市场和固有的环境方面的优势，很多私人公司和政府机构在其技术发展上进行了大量投资。钠硫电池技术取得了重要进步，并且由于其可接受的性能、耐用性、安全性和可制造性，到20世纪90年代中期，至少有4个自动化试生产厂被建设和运行。然而，在同一时期，政府和产业界也意识到公众（尤其在美国）不会大量购买纯电池供电的电动汽车。与常规内燃机驱动的汽车相比，它们的续驶里程更短，功率更低，尤其是价格更高，这些最终使它们不可接受。

钠硫电池的基本单体结构和相关的电化学反应如图6-1所示。钠硫电池使用固态的钠离子导体 $\beta\text{-}Al_2O_3$ 电解质。电池必须运行在足够高的温度下（270～350℃），以保持所有活性电极物质处于熔融状态，保证通过 $\beta\text{-}Al_2O_3$ 电解质有足够的离子电导性。放电过程中，钠（负电极）在与 $\beta\text{-}Al_2O_3$ 的界面处被氧化，形成 Na^+；Na^+ 穿过电解质，与正极室中的硫结合，使硫不断减少，形成五硫化钠（Na_2S_5）。Na_2S_5 与剩余的硫不互溶，因此形成了一种两液相系。当游离硫相全部被消耗以后，Na_2S_5 逐渐转化成单相的、含硫量逐渐增高的多硫化钠（Na_2S_{5-x}）。充电过程中，这些化学反应逆向进行。放电时的半电池反应如下：

正极：$xS + 2e^- \rightarrow S_x^{-2}$

负极：$2Na \rightarrow 2Na^+ + 2e^-$

放电的总反应为

$$2Na + xS \rightarrow Na_2S_x \, (x = 5 - 3) \, E_{OCV} = 2.076 - 1.78 \, V$$

尽管钠硫电池的实际电特性与设计有关，但大致的电压特性仍依据热力学规律。典型的单体电池特性曲线如图 6-2 所示。该图绘制的是平衡电位（或开路电压）和工作电压（充电和放电）关于放电深度的函数。当硫、Na_2S_5 二相系出现、放电深度在 60% ~ 75% 之间时，开路电压是常数（2.076V）。然后，从单相 Na_2S_x 区到选定的放电终点，电压线性降低。

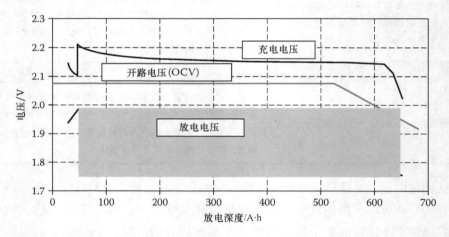

图 6-2　钠硫单体电池电压特性（由 NGK Insulation Ltd. 提供）

放电终止通常被定义在开路电压为 1.78 ~ 1.9V 时。1.9V 每单体对应的大致的多硫化钠成分是 Na_2S_4；1.78V 每单体对应的是 Na_2S_3。很多开发者因为两个原因，选择将放电限制在理论上的 100%（例如 1.9V）以下：①Na_2S_x 的腐蚀性随着 x 的减小而增强；②防止由电池内部可能的不一致性（温度或放电深度）造成的局部单体过放电。如果过了 Na_2S_3 以后继续放电，另一种二相系形成，但是这时的第二相是 Na_2S_2 固体。由于会导致高内阻、很差的可充电性以及电解质的结构性损坏，所以不希望单体中形成 Na_2S_2。

钠硫电化学结合的一些其他重要特性从图 6-2 中可以明显看出。在高荷电状态下，充电过程中的工作电压由于纯硫的绝缘性而明显升高（也表现在更高的单体电阻上）。同样的因素也导致放电初期单体电压的微降。在 $C/3$ 的放电率下，平均单体工作电压大约为 1.9V。这对电化学偶的理论比能量为 $755W \cdot h/kg$（对应

1.76V 的开路电压）。尽管在初始充电时不能恢复所有的钠，电池此后能放出理论安时容量的 85%~90%。最后，所有熔融的反应物和产物消除了经典的基于形态学的电极老化机制，因而钠硫电池本质上具有长循环寿命。

与全钒液流电池（VRB）相比，钠硫电池的优点是具有极快的响应时间，使得它们更适于电能质量方面的应用（平滑需求的短期尖峰）。基于上述优点及较高的循环效率，目前人们相信通过采用钠硫电池储能能够延缓输配电扩建方面的需求。如案例 1 中所述，美国电力（AEP）最近建设了一个 250 万美元、7.2MW·h 的电池系统。

6.2.2.1 案例 1 美国电力钠硫电池工程

1. 简介

可充电电池将在向企业和用户配送清洁、可靠电能方面发挥了重要作用。从近期停电事故的发生可以看出，电池技术对防止暂时或长时间断电造成的巨大损失来说至关重要。为了这个目的，钠硫电池成为了商业规模固定储能最有希望的选择之一。在这个案例分析中，我们讨论了美国第一个分布式储能系统的安装，描述了钠硫电池的基本特性，总结了使用钠硫电池的理论依据。

电能占全世界能源生产总量的 12%。电力的生产是高度集中的，产品通常远离最终用户。这种非本地的电力生产增加了稳定电网的难度，主要原因是供需不平衡。需要注意的是，由于电力的生产是集中的，一个很少甚至没有利用储能的、复杂的能量生产和输送系统已经被建立。应对电力需求增加的传统方法是建更多的发电厂和输电线路；但是越来越密集的市区以及环境和法律上的限制，使其成本越来越不可接受，在某些情况下甚至完全没有实现的可能。

储能容量是钠硫电池的主要优势之一。尽管一个电池储能设施的成本与相同功率的燃煤发电厂相当，但不可能将发电厂建在恰恰最需要电力的城市中[7]。从效能的角度看，根本目标是产生能量、传输、转换，然后在能量被需要的地方将其存储起来。过去的电池技术缺乏为备用电源和储能处理所需求的变化能力，并需要体积大且昂贵的设备。近期科技上的进步使得实现第一代大规模储能设备成为可能。因此，美国电力（AEP）决定在西弗吉尼亚北查尔斯顿的一个化工站建设美国第一个基于钠硫电池的商业规模储能系统。

由于是首个该类型的系统，AEP 获得了桑迪亚国家实验室和美国能源部储能计划的部分资金支持。更大的支持来源于制造商，NGK Insulators 有限公司承诺在未来的几年中可以以优惠价格购买钠硫电池。1.2MW 基于钠硫的分布式储能系统（DESS）在 9 个月内完成建设，并于 2006 年 6 月投入了商业运行。

图 6-3 给出上述 DESS 安装的相关费用的细分。花费包括从 NGK 公司（位于日本名古屋）购买钠硫电池，由 S&C Electric 公司建设和安装的功率变换系统（PCS），装有 20 个钠硫电池、17ft 高的钢制外壳。由于是新技术的首次实施，这

个 DESS 的建设成本受到了一些首次安装的独特因素的影响，不代表未来安装所需的费用。

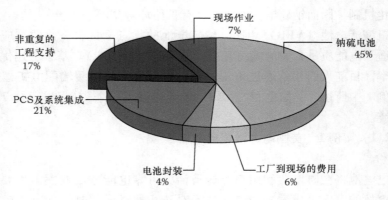

图 6-3　安装基于钠硫的 DESS 的主要费用组成
（由 NGK Insulators Ltd. 提供）

2. 使用基于钠硫的 DESS 的理论依据

当考虑购买一项新的固定资产，尤其是涉及新技术时，任何公司都要问几个问题：①购买是否被许可？②我们的基础设施当前的局限性是什么？未来会遇到什么问题？③我们公司将获得怎样的利益？④是否有更便宜的选择？除此之外，AEP 正经历着用户拥有的分布式发电（DG）系统数量的指数增长，这些 DG 系统都要求接入电网。许多可再生能源系统（如太阳电池板，风机等）成本和效率上的优势使 DG 系统成为可能。AEP 面临的运作上的挑战有：①非优化的发电位置；②不确定的发电可用性；③可用发电的低可靠性；④发电调度控制的不足；⑤能量回馈的安全问题。评估多种方案的利润、优点和缺点以后，AEP 得出结论，储能可以使电网调度机构维持对电网的控制，提高服务可靠性，并且随着用户拥有的 DG 并网的出现，可以使利润增加。市场上性价比最高的产品是基于钠硫的 DESS。

3. 储能的长期和短期效益

由于电网中储能的广泛采用，需要对考虑长期和短期影响的战略性决策进行评估。充分渗透的分布式储能的长期利益包括：

1）改善系统控制和可靠性，以应对广泛、不受控的用户拥有的 DG 带来的不利影响。

2）通过减小所需尺寸来提高 DG 的渗透率。

3）通过消除部分停电甚至全面停电的计划性孤岛，提高系统可靠性。

4）基本负荷的电源。

5）通过从全系统层面减少峰荷来延长设备寿命，改进资产管理。

6）通过减少所需的额定功率来降低设备成本。

7）在不受限制的环境下，提供能量套汇的机会。

8）提供调压和调频的利润。

对电网来说，分布式储能最重要的短期利益是"争取时间"，具体包括：

1）通过削峰，延缓扩建所需的资本支出。

2）在常规解决方案（建设新的输电线路或变电站）不易实现或需要花费数年来实现时，提升服务可靠性。

3）由于能向用户提供临时供电，因此在计划或非计划电力中断期间允许更长的服务恢复时间。

在发电量不足时，负荷平衡最初基于对每日和季节性需求的预测。传统电池难以扩大规模，因为其包含危险性的化学物质，而且不满足分布式和固定式储能应用要求的性能和寿命标准。现在，钠硫 DESS 是市场上性价比最高的系统之一，但是电力行业仍在寻找下一代电池系统。这种电池系统要能在停电期间为企业和用户提供可靠备用，通过调峰来降低发电和配电成本，通过配送更清洁的电能来降低发电厂成本，同时保持处理多层面的储能能力，包括高峰负荷、中间负荷（腰荷）和基本负荷的存储能力。新电池技术面临严峻的挑战，但随着能源短缺的迫近，我们将看到更多 DESS 设施的建设。

6.2.2.2　案例2　Xcel Energy 对利用 1 MW 电池系统存储风能的测试

Xcel Energy 即将开始对一项用电池存储风能的尖端技术进行测试。它是美国风能直接存储技术的首次使用。将不稳定的风力发电和太阳能发电与电网的需求结合起来，是电力行业正在关注的点。Xcel Energy 将开始一项 1 MW 电池储能技术的测试，以测定其存储风能、并在需要时向电网释放能量的能力。满充时，电池可以向 500 户供电超过 7h。Xcel Energy 签订了向 NGK Insulators 有限公司购买电池的合同，这是整个工程的组成部分。钠硫电池市场上已有销售，并且钠硫电池技术已经在日本和美国少数项目中得到了应用，但是 Xcel Energy 的装置将是美国首个将电池直接作为风能存储设备的应用。20 ~ 50kW 的电池模块大概有两辆半牵引式拖拉机大，重达 80t。它们能存储约 7.2MW·h 电能，充放电容量为 1MW·h。起风时电池充电，风停时电池放电。与 Xcel Energy 共同承担该项目的还包括明尼苏达大学、国家可再生能源实验室、大平原研究所和 Minwind Energy LLC。Xcel Energy 正在对新兴技术和储能设备进行测试，作为它全面的"智能电网"战略的一部分。这个战略意图升级电网，使之适应现代需求，以使可再生能源更易接入电网。

6.2.3 全钒氧化还原电池

电能存储的技术边界条件是由基于电池服务情况的两种不同的要求提出的，即用于负荷平衡和调峰和用于季节性储能。对负荷平衡的应用来说，储能介质必须具有高功率密度，能以高倍率充放电多次，并能承受深度放电。对季节性储能来说，电池必须具有大容量，低自放电率，并有能力运行于大量的浅循环情况下。现在风力发电的趋势是，在大型风电场中安装风机，然后风电场单点接入电网。

由于风力的波动性和有限的可预测性，风电场理想的储能设备应能实现负荷平衡和稳定风机的输出。晚上风大，用电少，电价低，储能设备存储能量；然后在白天输电线达到最大容量时向电网释放能量，从而从较高的日间电价获利。为获得更高程度的可控性，储能系统必须具有短期内存储大量能量的能力，然后在峰荷时段释放。图6-4给出全钒液流电池对风机进行负荷平衡的图表[8]。

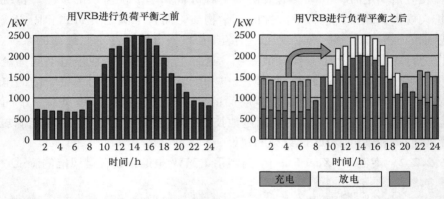

图6-4 北海道电力公司 Tomari Wind Hills 发电站的全钒液流电池（VRB）
负荷平衡应用（图表由住友电气工业株式会社提供，2001）

6.2.3.1 其他电化学储能设备的性质

在我们讨论全钒液流电池之前，有必要先解释和定义燃料电池和液流电池。燃料电池将燃料（通常是氢气）被氧化剂（比如说空气中的氧气）氧化时可利用的化学能直接转换成电能，其运行特性类似具有无限容量的原电池。液流电池是一种可充电二次电池，能量以化学形式存储在电解液中。电解液包含溶解的电活性质粒，这些质粒流经电池，从而将化学能转换成电能。

简而言之，液流电池是可充电的燃料电池。从实践的角度看，反应物的贮存十分重要。燃料电池中气体燃料的存储需要大的高压储气罐和低温存储（因为热会造成系统的热自放电）。全钒液流电池的优势是能够在室温下、在常压容器中存放电解液溶液。基于钒的氧化还原液流电池在大规模（理论上具有无限容量）储能方面前景广阔。全钒液流电池具有许多有吸引力的特性，包括功率和容量的规模相互独立、寿命长、效率高、响应快，以及成本相对较低（初始投资小，运行支出较少)。

6.2.4　全钒氧化还原液流电池

　　一个液流电池单体是一个电化学系统,能量被存储在两种含有不同氧化还原对的溶液中,氧化还原对的电化学势相差得足以分开彼此,以提供电动力来驱动电池充放电所需的氧化还原反应物[9]。能量以化学方式存储在稀硫酸电解液中的不同离子形式的钒离子中。经过质子交换膜,电解液从分隔的储液罐被泵入液流电池;在液流电池中,一种形式的电解液被电化学氧化,另一种被电化学还原,如图6-5所示。

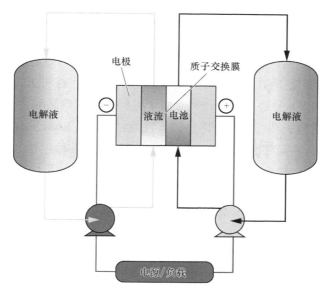

图6-5　将能量存储在电解液中的液流电池

(由 VRB Power System Inc. 提供)

　　两种电解液不混合在一起;在单体电池中,它们被极薄的膜隔开,只有选定的离子才能够通过。氧化还原反应在电池中的惰性碳毡高分子复合材料电极上发生,并产生可以通过外电路做功的电流。给电池充电可使反应逆向进行。

　　在 VRB 出现之前,液流电池的主要缺点是,两种电解液由不同物质组成,被一层质子交换膜隔开,最终质子交换膜被穿透,两种物质混合,使电池失效。VRB系统的主要优点是,钒同时出现在正极和负极电解液中,但是处于不同的氧化态。钒具有4种氧化态,即 V^{2+}、V^{3+}、V^{4+} 和 V^{5+}。VRB利用了钒在溶液中能以4种不同氧化态存在的能力,而这种能力只为铀和其他重放射性元素所共有。

　　钒盐溶解在硫酸中形成电解液;如果电解液意外混合,电池发生非永久性损坏。标准单电池电动势 E^0 在1M浓度下是1.26V,但是在实际的单体电池条件下,荷电状态（SOC）为 50% 时，开路电压（OCV）为 1.4V；SOC 为 100% 时，开路电压为 1.6V。电极反应发生在溶液中。放电时，负电极反应是 $V^{2+} \rightarrow V^{3+} + e$，正电极反应是 $V^{5+} + e \rightarrow V^{4+}$。两个反应在碳毡电极上都是可逆的。质子交换膜被用来隔开电池正极室和负极室中的电解液。反应物的交叉混合会造成活性物质的稀释，从而导致系统储能容量的永久损失。然而，为保证电中性，其他离子（主要是 H^+）的迁移必须被允许，因此需要离子选择性膜。

由于电解液在每个循环结束时回到相同的状态，所以能被无限次地重复使用。负极半电池利用 $V^{2+} - V^{3+}$ 氧化还原对，而正极半电池利用 $V^{4+} - V^{5+}$ 氧化还原对。正极和负极的钒氧化还原对表现出相对快的动力学特性，使得不用昂贵的催化剂就能达到高的库仑效率和电压效率。但是仅仅 V^{5+}、V^{4+} 和 V^{3+} 在空气中是稳定的，V^{2+} 容易被大气中的氧气氧化，在维护负极电解液时必须考虑这一点。然而，在电解液中，不同的氧化态还不足以使某种元素发挥作用；这种元素必须是易溶的。尽管 V^{2+}，V^{3+} 和 V^{4+} 易溶于硫酸，但是由于电解液温度较高时会生成不溶性 V_2O_5 沉淀，V^{5+} 浓溶液的长期稳定性有限。需要注意的是，0.9mol 的 V^{5+} 溶液即使在高温下也是稳定的，并且硫酸浓度的增加能增加 V^{5+} 溶液的稳定性。

反应只与溶解的盐有关，电极只作为反应场所，不参与化学过程。因此，电极不会受到成分改变造成的不利影响。由于它不经历物理或化学变化，所以能实现大量充放电循环，且容量不会显著降低。电极位于反应池中，反应池被集合起来组成电堆。每个电堆包含一连串导电（双）极板，极板一边是正极电解液，一边是负极电解液。由于使用同样的电解液，液流电池中的每个单体实质上是一样的，一致性很高，不像串联的常规电池，可用的功率受限于一串中最差的电池，用户必须要求制造商生产出高度一致性的电池。

用溶液储能意味着系统的功率和储能容量是独立的，这使得钒电池可以将电压、电流和容量扩到很宽的范围，并能被设计用于多种多样的应用。这意味着一个 VRB 系统可以仅通过调整电堆的大小来产生更多的功率，通过增加电解液储液罐的大小来提供更多的能量。理论上，系统能提供的能量大小是没有限制的。

人们可能因此要问："既然具有这些优点，为什么我们看不到更多的 VRB 在实际系统中运行呢？"答案主要包括目前所能达到的能量密度、体积、成本、可能产生的不可逆 V_2O_5 沉淀，以及其他技术上的不成熟性，这使得大多数公司仍然在犹豫向这些未被充分检验的技术投资。VRB 的能量密度受限于 V_2O_5，大约是 167W·h/kg。图 6-6 给出其他一些系统能量密度的比较。举个例子，一个 600MW·h 的全钒液流电池系统需要 3000 万 L 电解液。如果存储在 6m 高的储液罐中，覆盖面积相当于一个足球场。一般而言，为了全钒液流电池的运行，必须满足下列条件：

1）电极需要有良好的导电性和润湿性。

2）充电电压必须被限制在1.7V以下，以免损坏碳集流体。

3）活性层与双极板和集流体的良好电气接触是必要的，当活性层与集流体热结合时能够很好地达成这一点。

4）必须避免氧气到达负极电解液室。

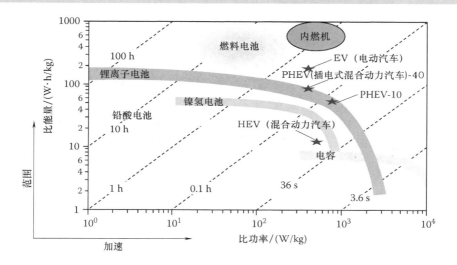

图6-6　各种能量系统的能量和功率图

（来自 http：//berc. lbl. gov. venkat. Ragone- construction. pps）

需要指出的是，既然在高流速下才能观测到高的库仑效率，因而在这种高流速下运行才能实现更高的电流密度。

6.2.4.1　商业应用：Cellstrom

由于已经解释了全钒液流电池系统工作原理，我们可以进一步讨论这项技术当前的一个商业应用案例。Cellstrom——一家德国公司，开发了一个利用VRB技术的完整的储能系统（ESS）[6]。这项名为FB 10/100的系统由全钒液流电池、智能控制器，以及装在防风雨容器中的可配置电力电子装置组成。这个系统能以高达10 kW的功率充放电，提供100 kW·h的能量（满功率放电10 h）。电池能够与光伏设备、风机、柴油机、汽油、煤气、沼气发电机、燃料电池和水轮机连接，以形成分立、自治的电力供应，或者作为微电网、微型电网、智能电网的一部分。FB 10/100分成液流系统、电气系统、热系统和安全系统。

液流系统如图6-7所示。图6-7同时还给出了布置图。两个储液罐放置在下层，各盛有2500L电解液。抗化学腐蚀的泵将电解液泵入上面的电堆。即使电解液混合，智能控制器能够通过打开平衡阀来维持电极间所需的电势，自动对此进行补偿。

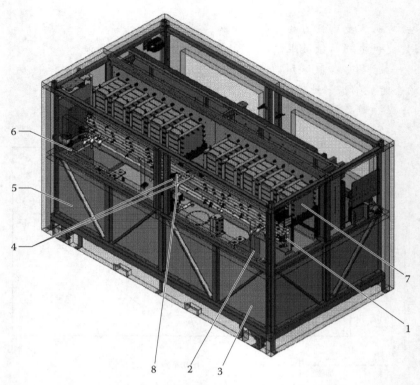

图 6-7　Cellstrom 公司 FB 10/100 的液流、热、安全系统

（来自 html：//www.cellstrom.com）

1—液体管线　2—正极电解液泵　3—正极电解液储液罐　4—回流管　5—负极电解
液储液罐　6—负极电解液泵　7—电堆（也称为电池堆或模块）　8—平衡阀

　　电气系统根据用户的要求进行配置。电堆通过与外电源的终端连接进行充电。放电时，电池的直流电经过电堆另一边的逆变器被转换成交流。接口柜（见图 6-8）提供避雷保护、AC 熔丝和负荷连接点。

　　系统的运行温度范围为 5~40℃，智能控制器可将温度控制在这个范围内。当温度超过运行温度范围时，控制系统使用通风机，用外部空气冷却设备。另外，电解液被泵入并流经电堆时也起到冷却液的作用，以进行更好的热交换，并降低热量管理的难度。

　　当温度低于可运行水平时，智能控制器将容器密封。这样，系统产生的热量能够使电池运行在正常温度范围内。FB 10/100 的电力电子装置侧的温度也被一个独立的通风系统监控。液流和电气部分的热分离也能帮助防止局部热点。

　　最后，单元中设有保护，以避免雷击、起火、泄漏和产氢。电池和电子器件被装在坚固的容器中，考虑到要户外安装，还配备了避雷保护。由于电堆或管道

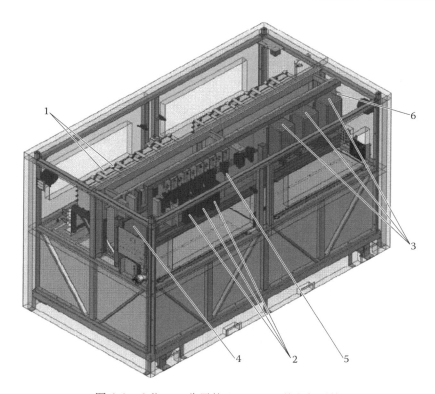

图 6-8　Cellstrom 公司的 FB 10/100 的电气系统

（来自 html：//www. cellstrom. com）

1—电堆终端接口　2—充电　3—逆变器　4—智能控制器　5—熔丝　6—接口柜

损坏而泄漏的电解液通过排液系统回到储液罐。利用包含泄漏传感器的二次容器使主储液罐的泄漏降到最低程度。另外，由于管道保持比大气压高 1bar 的压强，管道泄漏不会造成严重的喷溅。如同所有含水电池一样，必须监控氢气的排放，以防止可能的爆炸。幸运的是，这种系统的产氢量很小，而且氢气易于收集并从储液罐中排出。

FB 10/100 系统是环境友好型系统，因为它不包含重金属。如果电解液能保持不被污染，它能够被无限次地重复利用。另外，所用塑料 99.9% 是非卤化的，单个组件可以被替换，而不需要丢弃大的组件。

最后，这种系统被设计成仅需最小限度维护的系统。FB 10/100 系统的设计寿命是 20 年。当在使用期限内一些电堆和泵必须被替换时，如果只需要修理系统的一个部分，电气和液流系统可以被分开，以保证污染处于最低限度。智能控制器监测电池状态和电气系统，利用内装式无线调制解调器，它能够向计算机和手持设备传输数据和维护信息。

总结一下对全钒液流电池的讨论，它的主要优点如下：

1）能量存储在远离电堆的分离的储液罐中。

2）能通过增加溶液来提高储能容量。

3）电解液被泵入并流经电堆时可作为冷却液。

4）电解液交叉混合的污染小。

5）具有基于电解液无限长寿命的低成本。

6）由钒氧化还原对的电化学可逆性带来的高能量效率。

7）可高倍率充电。

8）通过使用相同的溶液实现单体电池电动势的一致。

9）监测和维护简单，不需监测和调整单体电池个体。

10）可利用能斯特方程 $E = E^0 + \dfrac{RT}{nF}\ln\dfrac{a_O^{v_O}}{a_R^{v_R}}$ 监测电解液荷电状态，以测量电池容量。

11）不需为电池均衡而过充，消除了氢气爆炸的危险。

全钒液流电池技术仍处于初期阶段。要成为更为可行的储能方式，必须满足3点要求：①找到一种使电解液中溶解更多 V^{5+} 的方法；②找到质子交换膜的替代品以降低成本，质子交换膜液流电池最昂贵的组成部分；③达到更大的电解液能量密度。未来的国家性电网将从可再生能源获得大部分能量，稳定这样的电网对只能提供兆瓦，而不是千兆瓦功率的储能技术来说似乎是苛求，但是人们应该记得，这项技术仍处于初期，当它成熟后很多缺陷会得到解决。

6.2.5 锂离子电池

在20世纪90年代早期，锂离子（Li-ion）电池被采用以前，镍氢电池是便携式电子设备的行业标准。采用锂离子电池以来，与镍氢电池相比，它们在重量、容量和功率方面取得了显著进步。锂离子电池被广泛用于电子消费产品，但是迄今为止，它们的大规模应用（比如在电动汽车中的应用）仍然有限。延缓其应用的根本原因是安全性和高成本，而且这两点是相关的。尽管更大体积电池的规模经济性可以使成本降低，但是电池越大越难冷却，因而更倾向于获得热量而引起高温。

在开始采用锂离子电池之前的十年，由于新的氢化物材料的发展，与原有的镍镉电池相比，镍氢电池的能量密度增长了30%~40%。这是电池技术的巨大突破，足以使镍氢电池在便携式电子产品应用中领先。

但是，镍氢电池存在一些问题，如放电电流有限、自放电率高、充电时间长，以及充电时发热严重等。锂离子电池的采用似乎解决了一些镍基电池技术固有的问题[10]。锂离子电池具有甚至比镍氢电池还大的能量密度，自放电得到了改善，充电时间更短，放电电压约为3.7V，比镍氢电池的1.4V要高。

锂离子电池看起来与大多数电池相似。在圆柱形金属外壳中，三种薄片紧密卷绕，浸在电解液中。三种薄片分别作为正电极、负电极和隔膜。正电极一般是钴酸锂（$LiCoO_2$），负电极一般是石墨（C_6）。充电时，锂离子从正电极（$LiCoO_2$）穿过多孔性隔膜，嵌入负电极（C_6）。放电时，离子流向相反方向，重新嵌入$LiCoO_2$。当锂离子脱嵌并移向相反的电极时，电子同样也要脱嵌，因为锂离子带正电。电子将流出电池，流向正通着电的元件，然后回到另一边电极，重遇锂离子。这个过程如图6-9所示。

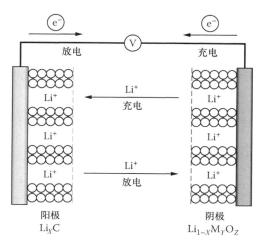

图6-9 典型锂离子电池的充放电循环

尽管锂离子电池看起来有效地改进了电池的局限性，但它们并不完美[11-13]。例如，所有锂离子电池都需要复杂的防过充电路。过充会危及阴极的稳定性，导致电池损坏。复杂的系统包括一个过热时的闭孔隔膜，内压的强制控制环节，减压用的排气孔，过电流和过充时的热中断装置。另一个主要限制是生产成本。制造一个锂离子电池平均比制造一个镍镉电池要多花费40%。锂离子电池的价格高归因于钴的高成本以及每个电池所需的复杂保护电路。

尽管成本和过充是锂离子电池的问题，但是最普遍的难题似乎是过热，尤其是在大规模应用中[14]。过热会导致性能评级显著降低，甚至造成灾难性事故。如果希望锂离子电池被更高效地利用，并用于更大规模的应用，必须解决发热的问题。有关锂离子电池高温的主要顾虑有：①热失控的可能性增大；②容量损失；③不希望发生的副反应增多。

6.2.5.1 热失控

热失控的可能性是高温运行中最重要的顾虑。如果电池的产热始终多于散热，将出现所谓的热失控[15,16]。它最终会导致泄漏、排气,以及爆炸或火灾。近期笔记本电脑的电池由于孤立的热失控事件而被召回加剧了这种担忧。为了避免热失控,单体电池内的温度根据荷电状态(SOC)必须被控制在 105 ~ 145℃。

热失控或电池的极端过热,可由一系列原因引起。电池超过临界温度可能会引发安全问题。在临界温度以上,由于阳极、阴极和电解液的产热以及它们在高于临界温度时的相互作用,温度的升高往往不可逆转。

热失控的另一个原因是环境温度过高。笔记本电脑、手机和其他便携设备经常暴露在高环境温度下,高环境温度主要由太阳引起。天热时放在车上或被留在加热器旁的便携电子设备,将暴露在大大超过引发热失控所需的温度下。过高的环境温度将导致电解液发热,从而增加放热化学反应。

第三个原因是过充,导致锂的沉积,最终穿透隔膜,使两个电极短路。所有锂离子电池都装有防过充的保护电路,但是如果保护电路失效,锂离子将在石墨阳极上聚集,形成锂枝晶。如果继续充电,枝晶将不断生长直至刺穿隔膜,连接钴氧化物阴极,造成短路。

不管造成热失控的原因是什么,结果都是一样的,并且在很多情况下是十分危险的。如果锂离子电池想被更大规模的利用,并且更安全地工作,它们必须能够不被高温影响,或者能被更有效地冷却以保持较低的温度。为解决这个问题,人们提出了很多理论,但是到目前为止这些方法或者太昂贵,或者明显改变了锂离子电池在重量、体积和耐用性方面的优势。

6.2.5.2 容量衰减

容量衰减是温度低于热失控温度时的难题。容量衰减指反复循环后电池容量的下降。锂离子电池比其他可用于电动汽车的蓄电池表现出了更好的性能,但是仍在大量循环后会出现容量衰减。对大多数嵌锂化合物来说,高温会加速容量衰减的出现。当电池运行在 50℃ 及以上时,循环次数远低于电动汽车要求的大于 5000 次循环[17]。在这种高温下,大多数容量损失是由于电极材料的失效,尤其在大量循环以后。电池被贮存在高温下,也会出现容量衰减。放置在 60℃ 下 60 天会导致锂离子电池容量下降 21%。

6.2.5.3 高倍率放电容量损失

电池的运行温度从 -40 ~ +150℃ 不等。锂离子电池一般处于 1 ~ 35℃ 的范围。不像其他类型的电池,锂离子电池的性能会受到这个范围以外的运行温度的显著影响[18]。温度的升高将造成不合需要的化学过程出现的速率呈指数增长。

这些化学反应增大了内阻,从而缩短了电池寿命,并且在某些情况下导致电池的分解。即使运行温度小幅升高至 40℃,电池性能也会有 35% 的降低。大功率电动汽车的电池必须能够高倍率放电。在某些情况下,存储温度的上升(甚至达到 60℃)使高倍率放电容量降低超过 90%。由于电动汽车对高倍率放电的要求,必须避免高温。

　　要使锂离子电池成为大型应用的行业标准，不仅仅要考虑过热和热失控，昂贵的生产是另一个问题。如前所述，费用的增长很大程度上归因于阴极的金属钴材料过于昂贵。$LiCoO_2$尽管具有稳定性和好的高倍率性能，但同时钴的毒性和高成本却带来了严重的负面影响。如果可以排除钴的使用，生产成本将急剧下降。在过去几年中，一项大型研究计划专注于$LiCoO_2$阴极的替换。结果是钴已经被镍和/或锰部分和完全替代[19]。一种可行的$LiCoO_2$替代材料是层状结构的$Li（Ni_{1/3}Mn_{1/3}Co_{1/3}）O_2$。

　　其他研究者相信他们已经找到了解决成本问题的方法，即用磷酸铁锂（$LiFePO_4$）制成阴极。这种阴极的原材料价格相对便宜，但与现在生产的锰酸锂阴极有显著差异[20]。磷酸铁锂要经历严格、昂贵得多的生产过程。

　　很多公司在研究上大量投资，以期找到可以降低锂离子电池成本的新的阴极材料。现在已经找出一些降低成本的有希望的解决方案，包括上面提到的两种阴极材料。如果某种解决方法在大规模生产中实施，将显著降低锂离子电池的生产成本，并促进进一步的研究和发展。

　　当前锂离子电池的热失控安全问题和高生产成本问题，阻止了其成为小型和大型应用的行业标准[21]。然而，近期的研究已经证实，对较小的生产成本进行相对简单的调整，有可能生产出安全可靠的大规模锂离子电池。如果设计者能够实现电池组降温的结构特性和安全特性，以及阴极材料成本的降低和功率的增加，到下个世纪，锂离子电池可以有效、清洁地驱动从手机、笔记本电脑到汽车、太阳能和风电厂的所有设备或系统。

参 考 文 献

1. Linden, D. and Reddy, T. B. 2002. *Handbook of Batteries*, 3rd Ed. McGraw Hill, New York.
2. Electric Power Research Institute and United States Department of Energy. 2003. *Handbook of Energy Storage for Transmission and Distribution Applications.* December.
3. www.mines-energie.org/Conferences
4. Nourai, A. 2007. Report: Installation of the First Distributed Energy Storage System (DES) at American Electric Power (AEP). Sandia National Laboratories, Albuquerque, NM, No. 3580.
5. Yoa, Y.F.T. and Kummer, J.T. 1967. Ion exchange properties and rates of ionic diffusion in beta alumina. *Journal of Inorganic Nuclear Chemistry.*
6. Cellstrom GmbH, Wiener Neudorf, Austria. FB10/100 Technical Description. www.cellstrom.com
7. Storage: the next generation. Why build a new power plant when the technology exists to store excess megawatts until needed? *Mugnatto-Hamu*, Adriana, April 9, 2006.

8. Joerissen, Garche, Fabjan, Tomazic. 2004. Possible use of vanadium redox flow batteries for energy storage in small grids and stand-alone photovoltaic systems. *Journal of Power Sources*, 127, 98.

9. Bindner, Ahm, Ibsen. 2007. Vanadium redox flow batteries: installation at Riso for characterization measurements. Wind Energy Department, Riso National Laboratory, DTU.

10. The element that could change the world. *Discovery Magazine*. discovery-magazine.com/2008/oc/29-the-element-that-could-change-the-world/article_print

11. Akimoto, J. November 3, 2008. Opening the way to a low-cost secondary lithium ion battery. *AIST*

12. http://www.aist.go.jp/aist_e/annual/2006/highlight_p13/highlight_p13.html

13. Balbuena, Perla, Yixuan, Wang. 2004. *Lithium Ion Batteries*. Imperial College Press.

14. Bullis, K. May 22, 2007. Lithium ion batteries that don't explode. *Technology Review*. http://www.technologyreview.com/Energy/18762/?a=f.

15. Durrant, M. November 3, 2008. Thermal management. *MPower*. http://www.mpoweruk.com/thermal.htm.

16. Buchmann, I. Is lithium ion the ideal battery? http://www.batteryuniversity.com/print-partone-5.htm

17. Berdichevsky, G., Kelty, K., Straubel, J.B. et al. The Tesla Roadster battery system. http://www.teslamotors.com/display_data/TeslaRoadsterBattery System.pdf

18. Jurkelo, I. Advantages and disadvantages of the nickel–metal hydride battery. http://e-articles.info/e/a/title/Advantages-and-disadvantages-of-the-Nickel-Metal-Hydride-(NiMH)-Battery/

19. Buchmann, I. How to prolong lithium-based batteries. http://www.batteryuniversity.com/parttwo-34.htm

20. Sivashanmugam, A. 2004. Performance of a magnesium–lithium alloy as an anode for magnesium batteries. *Journal of Applied Electrochemistry*, 34, 1.

21. Whittingham, S. BATT program SUNY Binghamton. http://berc.lbl.gov/BATT/BATT%20summaries%202006.pdf

第7章 太阳热能存储

Carl Begeal, Terese Decker

塔式聚热太阳能中用于液体流动的在中央管抛物槽（来自 http：／／www. schottsolar. com／
us／products／concentrated- solar- power／concentrated- solar- power- plants／）

7.1 热能存储简介

　　利用可再生能源，特别是太阳能和风能的一大挑战是，应对由天气、日
间太阳光波动和季节变化引起的间歇性。有效地管理太阳能资源易变性的一
种方法是为它增加热能存储（TES）。当存在剩余功率时，变化的能量被存储
起来，然后在太阳能产生的功率不足或没有产生功率时释放出来，以满足连
续的功率供给和/或满足峰值功率需求。

　　除了在低日照时产生高质量的可调度功率之外，热能存储与其他储能方
式相比，特别是与不包含储能的系统相比，还有许多优点。如图7-1所示，热
能存储的循环效率非常高，高于其他可选的储能方法。热能存储能以适中的
成本，提供数小时的高效率能量存储。此外，它存储的功率还能满足周期性
峰值功率需求，这使太阳光热能技术能作为容量型电源与燃气涡轮机相竞争。
热能存储是一项易部署的、被论证可用的技术，不需要进一步研究即可应用。
本章将详细讨论这些话题和其他相关话题。

　　热能存储是一种可独立于一次能源部署的，以热能形式存储的备用装置。
它被开发用于辅助发电和供热等应用，包括作为大规模太阳能热力发电厂的
备用带载装置。热能存储能以显热、潜热或蕴藏在可逆热化学反应重结合中
的热能的形式存储。本章讲述热能存储的这些模式，并讨论设计方法和应用。

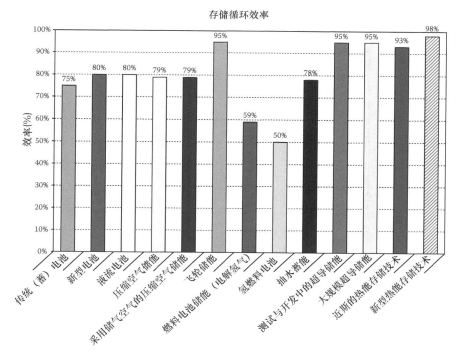

图 7-1　一些储能技术的效率比较（来自 Turchi，C. July 21，2008. Thermal Energy Storage for Concentrating Solar Power Plants. National Renewable Energy Laboratory）

7.2　热能存储的物理原理

热能存储需要通过加热或冷却的方式来增加或减少物质的内能。依赖于通过加热或冷却使介质中的内能增加或减少来实现。热能存储在媒质中，按照存储热能的形式可将它们分为以下三类：

1）显热，与储能媒质的温度有关。

2）潜热，需要储能媒质的等温相变（如熔化、凝固、汽化、聚变和结晶）。

3）反应热或热化学热是储能媒质的可逆热化学反应的结果。

图 7-2 说明了给非反应材料加热时的温度变化。随着热量被加到材料上，它的温度持续增加，直到发生相变。在相变过程中，伴随着热量被持续加在材料上，物质中的固体键在恒定温度下被破坏。这就是显热和潜热之间的根本区别。材料的相变过程完成后，这个例子中就是材料从固态变为液态后，材料又继续在加热的作用下，发生内能和温度的增加。

一般地，热能存储需要采用单位体积和/或单位质量下内能变化大的材料，以

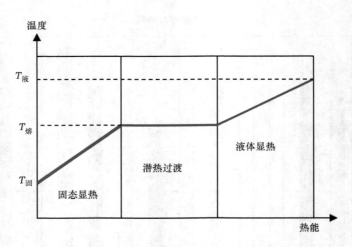

图 7-2   材料经历相变时的温度-热能图

最小化存储所需能量时需要的空间。为了在商业光伏系统中具有经济上的竞争力，采用单位成本下具有高内能变化的材料是很重要的。其他的性质如蒸气压力、毒性以及腐蚀性也是必须考虑的，因为它们影响到商业系统中的材料容器和运行维护的价格。

7.2.1　显热存储

显热可以是与周围温度相关的热势能或冷势能，它存储在固体、液体或者由固体、液体组成的混合物中。显热形式的内能变化取决于材料的质量、比热和温度变化即

$$\Delta u = mc_{\mathrm{p}}(T_1 - T_2) \tag{7-1}$$

式中，Δu 表示材料内能的变化，单位为 kJ；m 表示储能材料的质量，单位为 kg；c_{p} 表示比热容（kJ/kg·K）；T_1 和 T_2 分别表示储能材料的初始温度和最终温度，单位为 K。

7.2.1.1　显热存储材料

显热热能存储的材料必须选择温度稳定，且在温度极限时仍不会发生相变的材料。它还应具有高的比热、高的密度和可接受的低蒸气压力。为了在经济上可行，它必须是便宜的。一些常见的显热存储材料以及它们的一些热特性见表 7-1。

7.2.2　潜热

潜热是在状态改变或相变时，如固体变为液体（熔化）或液体变为气体（汽化）时，材料以热能的形式放出或吸收的能量。潜热储能对在相变过程中内能发生巨大变化的材料很有吸引力。

表 7-1　显热存储材料的物理性质[①]

储能媒质	温度/℃		平均密度 /（kg/m³）	平均热导率/ （W/mK）	平均热容 /（kJ/kg· K）	体积比热 容/（kW· h/m³）	媒质成本/ （美元/kg）	媒质成本/ （美元/kW·h）
	冷	热						
固体媒质								
砂岩石矿物油	200	300	1700	1.0	1.30	60	0.15	4.2
钢筋混凝土	200	400	2200	1.5	0.85	100	0.05	1.0
固态氯化钠	200	500	2160	7.0	0.85	150	0.15	1.5
铸铁	200	400	7200	37.0	0.56	160	1.00	32
铸钢	200	700	7800	40.0	0.60	450	5.00	60
石英耐火砖	200	700	1820	1.5	1.00	150	1.00	7.0
氧化镁耐火砖	200	1200	3000	5.0	1.15	600	2.00	6.0
液体媒质								
矿物油	200	300	770	0.12	2.6	55	0.3	4.20
合成油	250	350	900	0.11	2.3	57	3.00	43.0
硅油	300	400	900	0.1	2.1	52	5.00	80.0
亚硝酸盐	250	450	1825	0.57	1.5	152	1.00	12.0
硝酸盐	265	565	1870	0.52	1.6	250	0.7	5.2
碳酸盐	450	850	2100	2.0	1.8	430	2.40	11.0
液态钠	270	530	850	71.0	1.3	80	2.00	21.0

① 来源：Hermann，U.，Geyer，M.，and Kearney，D. 2002. Overview of Thermal Storage Systems. 已授权。

7.2.2.1　借助于相变材料的潜热存储

一种材料的相变能（熔化热或汽化热）决定了它作为相变材料（PCM）的蓄热能力。当施加足够的热时，相变材料（PCM）的分子键被打开。它们的键能使相变材料具有出众的热容量。为了适用于潜热存储，材料必须拥有高相变热、高密度、合适的相变温度、低毒性和低成本下较长的工作周期。例如，固体石蜡和水合盐具有高体积能量密度，温度波动小，这使得它们成为好的潜热存储材料。

相变储能材料的主要优势在于它在对比温度和对比质量下的储能能力。此外，它们的高熔化热和其他热性质使得它们在冷却过程中很少出现过冷现象，不需要隔离，化学稳定性好，有确定的熔点。一个优势在于一些 PCM 在固态下的热导率低，从而使得在冷却循环中具有高的传热率。它们通常是易燃的，需要在设计存储容器时考虑额外的安全措施。表 7-2 显示了用于潜热存储的一些常见材料的特性。热能存储设计者需要根据这些特性选择材料。

表 7-2　潜热储能材料的物理性质[1]

相变储能媒质	温度/℃	平均密度/(kg/m³)	平均热导率/(W/mK)	平均热容/(kJ/kg·K)	体积比热容/(kW·h/m³)	媒质成本/(美元/kg)	媒质成本/(美元/kW·h)
NaNO₃	308	2257	0.5	200	125	0.20	3.6
KNO₃	333	2110	0.5	267	156	0.30	4.1
KOH	380	2044	0.5	150	85	1.00	24.0
盐陶瓷（NaCO₃—BaCO₃—MgO）	500~850	2600	5.0	420	300	2.00	17.0
NaCl	802	2160	5.0	520	280	0.15	1.2
Na₂CO₃	854	2533	2.0	276	194	0.20	2.6
K₂CO₃	897	2290	2.0	236	150	0.60	9.1

① 来源：Hermann, U., Geyer, M., and Kearney, D. 2002. Overview of Thermal Storage Systems. 已授权。

7.2.3　热化学能

热化学能以化合物键能的形式存储。在一个热化学反应中，原子键通过可逆化学反应而被打开，并随着温度的升高而被催化，这样能量就被存储了起来。热化学分离后，各组分被分开存储起来，直到需要发生结合反应。原子键重新结合时释放出存储的热化学能。

热化学储能的主要优点包括高能量密度、长生命周期和低温存储能力。然而，热化学反应过程复杂，热化学材料往往价格非常昂贵且有危险性。

7.2.3.1　热化学能量存储

因为能量密度对储能是很重要的，所以只有反应物和生成物都能容易地存储为固体或液体的可逆反应才是有实用价值的。产生两种截然不同的相，如一种固体和一种气体的反应是合适的，因为这样很便于分离产物，以阻止发生逆反应。表 7-3 显示了一些常见的热化学储能反应以及它们的标准焓变（$\Delta H°$，kJ）和转变温度（T'，绝对温度 K）。

表 7-3　热化学储能反应[1]

反　　应	$\Delta H°/kJ$	T'/K
$NH_4F(s) \leftrightarrow NH_3(g) + HF(g)$	149.3	499
$Mg(OH)_2(s) \leftrightarrow MgO(s) + H_2O(g)$	81.1	531
$MgCO_3(s) \leftrightarrow MgO(s) + CO_2(g)$	100.6	670
$NH_4HSO_4(I) \leftrightarrow NH_3(g) + H_2O(g) + SO_3(g)$	337	740

（续）

反　　　应	$\Delta H°$/kJ	T'/K
$Ca(OH)_2(s) \leftrightarrow CaO(s) + H_2O(g)$	109.3	752
$BaO_2(s) \leftrightarrow BaO(s) + \frac{1}{2}O_2(g)$	80.8	1000
$LiOH(I) \leftrightarrow \frac{1}{2}Li_2O(s) + \frac{1}{2}H_2O(g)$	56.7	1000
$CaCO_3(s) \leftrightarrow CaO(s) + CO_2(g)$	178.1	1110
$MgSO_4 \leftrightarrow MgO(s) + SO_3(g)$	287.6	1470

① 来源：Wyman，C. March 1979. Thermal Energy Storage for Solar Applications：An Overview. SERI/TR-34-089，Solar Energy Research Institute，Golden，CO. 已授权。

转变温度（即表7-3中的 T'）定义为平衡常数为1时的温度，这里的平衡常数用反应的标准焓变和标准熵变之比计算得到。在此温度下，反应物和生成物的生成量大致相等。当 $T > T'$ 时，吸热反应占主导地位，这意味着此时的反应吸收热，需要加热才能进行。相反，对于 $T < T'$，放热反应占主导地位，反应产生热量。

7.2.4　选择存储方法

为一个热能存储项目选择合适的存储方法和材料需要考虑许多因素。表7-4列出了太阳能热力发电的可选方案以及它们的合适的存储材料。

表7-4　太阳能发电中的热能存储可选方案①

可 选 方 案	温度/℃	存 储 媒 质	类　　　型
小型发电厂和水泵			
有机朗肯	100	温跃层单罐或双罐中的水	显热
	300	温跃层罐中的石油油料	显热
带有机液体接收器的蒸气朗肯	375	滴流补充的合成油	显热
盘式安装的发动机驱动型发电机（仅缓冲存储）			
有机朗肯	400	带间接型 HX 的块状 PCM	潜热
斯特林和空气布雷顿	800	带间接型 HX 的块状 PCM	潜热
改进空气布雷顿	1370	石墨	显热
		胶囊型 PCM	潜热
大型发电厂（典型地 3~8h 存储）			
带有机液体接收器的蒸气朗肯	300	温跃层单罐或双罐中的石油油料，仅蒸发石油油料和岩石（温跃层罐的双重媒质）	显热 显热

（续）

可选方案	温度/℃	存储媒质	类型
带水蒸气接收器的蒸气朗肯	300	温跃层单罐或双罐中的石油油料，仅蒸发	显热
		石油油料和岩石（温跃层罐的双重媒质）	显热
		带蒸气 HX 的胶囊型 PCM	潜热
		带间接型 HX 的块状 PCM	潜热
		带直接型 HX 的块状 PCM	潜热
		地上或地下加压水	潜热
		温跃层单罐或双罐中的熔盐，过热	显热
		空气和岩石	显热
		带间接型 HX 的块状 PCM，蒸发阶段	潜热
		固体或液体分解物，蒸发阶段	TC
带熔盐接收器的蒸气朗肯	540	温跃层单罐或双罐中的熔盐	显热
带液态金属接收器的蒸气朗肯	540	温跃层单罐中的液态钠，仅混合，缓冲	显热
		双罐中的液态钠	显热
		空气和岩石	显热
带气体冷却接收器的布雷顿	800	压力容器中的耐火材料或铸铁	显热
		带间接型 HX 的块状 PCM	潜热
		固体或液体分解物	TC
带液体冷却接收器的布雷顿	800	双罐中的 VHT 熔盐	显热
		温跃层罐中的 VHT 熔盐和耐火材料（双重媒质）	显热
	1100	块状玻渣，液体和固体珠子存储，直接型 HX	显热，潜热

① 来源：de Winter, F. 1990. Solar Collectors, Energy Storage, and Materials, MIT Press, Cambridge MA. 已授权。表中 PCM 表示相变存储材料；HX 表示热交换器；VHT 表示超高温；TC 表示热化学。

7.3 存储系统

7.3.1 双罐直接型存储

在一个双罐直接型存储系统里，用来存储热能的材料和用来收集热能的传热液体是一样的。这些液体存储在两个罐里：一个高温，一个低温。来自低温罐中的液体流经一个太阳能聚集器或接收器，在此被太阳能加热到高温状态，然后再流回到高温罐中存储起来。来自高温罐中的液体则流经一个热交换器，在此产生蒸气用于发电。液体降为低温后从热交换器中退出，流回到低温罐。

双罐直接型存储用于加利福尼亚州的太阳能发电站 I 的早期槽式发电厂和太阳能二号的发电塔，本章后面将对此进行讨论。两个槽式发电厂用矿物油作为传热和存储液体，太阳能二期发电塔则采用熔盐。

7.3.1.1　熔盐作为传热液

在光伏电场和热能存储系统中使用熔盐免除了使用昂贵的热交换器。与采用其他常见传热液体（如油）的系统相比，这样的设计允许在更高的温度下运行。由于免除了热交换器以及减少了传热液的量，采用熔盐作为传热液大幅地降低了热能存储系统的成本。

不幸的是，熔盐在较高的温度下也会凝固，即 120 ~ 220℃（250 ~ 430°F）。这意味着必须采取特殊的措施确保熔盐在光伏电场的管道中不凝固。意大利的一个研究实验室 ENEA 和美国的桑迪亚国家实验室正在研发凝固点有望低于 100℃（212°F）的新型盐混合物，以使熔盐更便于作为传热液。

7.3.2　双罐间接型存储

双罐间接型存储系统与双罐直接型存储系统以相同的方式运行，但是传热和蓄热采用不同的液体。这个系统用于传热液太昂贵或者不适合用作蓄热液的场合。蓄热液从低温罐流经附加的热交换器，在此过程被高温的传热液体加热。高温的蓄热液然后流回到高温存储罐中。低温的传热液从热交换器中退出后，流回到太阳能聚集器或接收器，在此过程重新加热到高温状态。高温罐里的蓄热液体用与双罐直接型系统相同的方式产生蒸气。间接型系统需要一个额外的热交换器，这增加了系统的成本，降低了热能存储的总体效率。这样的系统将用于西班牙的一些太阳能塔式聚热电厂。另外，美国的一些电厂也在提议采用有机油作为传热液，熔盐作为蓄热液用于太阳能聚热。在本章的后面，如图 7-11 所示的阿文戈亚光伏的索拉纳太阳能电厂中，采用了一个以油作为传热液，熔盐作为蓄热材料的双罐间接型存储系统。

7.3.3　单罐温跃层存储

单罐温跃层存储系统将热能存储在位于单罐中的固体媒质中，固体媒质通常采用硅砂。在运行过程中的任何时刻，媒质中的一部分为高温，一部分为低温。热的和冷的温度区域被一个温度梯度或温跃层所隔离。高温传热液体从温跃层的顶部流入，变为低温后从底部流出。这个过程将温跃层向下移动，增加了系统存储的热能。逆向流动则将温跃层向上移动，存储系统的热能被移走用于产生蒸气发电。浮力效应使罐内的液体产生温度分层，这有利于稳定和维持温跃层。图 7-3

显示了基本的温跃层存储罐，这里热的和冷的材料都存储在罐内。

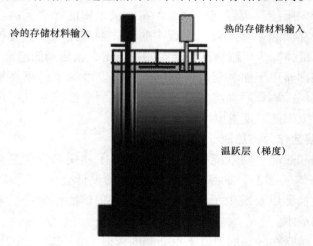

冷的存储材料输入

热的存储材料输入

温跃层（梯度）

图 7-3　温跃层技术原理图（来自 National Renewable Ener-
gy Laboratory. 2008. TroughNet：Parabolic Trough Thermal Ener-
gy Storage Technology. http：//www. nrel. gov/csp/troughnet/
thermal_energy_storage. html）

　　温跃层技术已经被证明是有优势的，因为它减少了用于制造罐和存储热的材料，这降低了成本和能量输入。只使用一个罐存储固体媒质相对于双罐系统降低了成本。温跃层系统在太阳能一号发电塔中进行了示范，它采用蒸气作为传热液，矿物油作为蓄热液。然而，这项技术仍然处于研发阶段，在经济上和技术上都可行之前仍需要进一步的研究。

7.4　存储容器设计

7.4.1　罐的几何形状

　　圆柱体是存储罐最实用且最常见的几何形状。球形存储罐在特定应用场合中也很常见。例如，球形容器典型地用于地下或者用一些柱子支撑着它，为它提供重力支撑。地上存储罐大部分都是圆柱体的，因为它的结构实用。本节将对这些几何形状进行比较。图 7-4 标出了描绘它们的参数。

　　对于特定的体积，球形的表面积最小——这是一个使用材料和向周围环境传热的表面积都最小的理想因素。球的表面积与体积比恒等于 $3/r$，因此球形容器的尺寸由所需存储材料的体积决定。表面积最小的圆柱形的高 h 等于它的直径，其表面积体与体积的比是 $3/2r$。在最佳情况（即高 h 等于半径的 2 倍）时，圆柱体的表面积是球的 1.5 倍，而体积只有球的 2/3。表 7-5 比较了这两种几何形状。

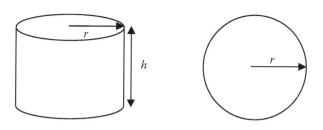

图 7-4　圆柱形罐和球形罐的几何形状

表 7-5　基于半径的圆柱形罐几何形状的表面积和体积比较

热能存储几何结构	表　面　积	体　积	表面积/体积
球	$4\pi r^2$	$\dfrac{4}{3}\pi r^3$	$\dfrac{3}{r}$
可变高度的圆柱体	$2\pi r(r+h)$	$\pi r^2 h$	$\dfrac{rh}{2(r+h)}$
最佳圆柱体（当 $h=2r$ 时）	$6\pi r^2$	$2\pi r^3$	$\dfrac{3}{2r}$

图 7-5 说明了表 7-5 中的关系。圆柱形罐和球形罐的表面积和体积都取决于各容器的半径，随着半径的增加，两种几何形状的表面积和体积都增加。半径较大时，圆柱形几何形状具有更大的表面积和体积。

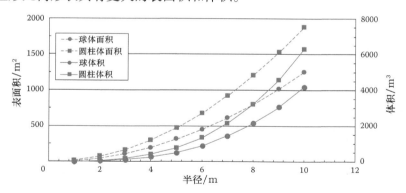

图 7-5　圆柱形存储罐和球形存储罐的表面积和体积比较

这些简单的几何比较会使人们选择圆柱体形状作为热能存储的储罐。此外，球形罐和球形罐内使用的存储材料较难定型。保证球形储罐的支撑也要较难。因为这些原因，球形储罐通常更适用于在地下使用。但圆柱形储罐需要较多的定型材料，这必然导致系统成本的增加和建设周期的延长。图 7-6 显示了一个典型的带热交换器的圆柱形存储罐的纵向截面图。

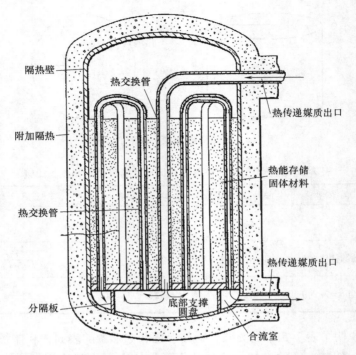

隔热壁
热交换管
热传递媒质出口
附加隔热
热能存储
固体材料
热交换管
热传递媒质出口
分隔板
底部支撑
圆盘
合流室

图 7-6　圆柱形存储罐的纵向剖面图 （来自 Anzai，S. et al. March 30，
1977. Thermal Energy Storage Tank. Patent 4，088，883 assigned to Japan
Agency of Industrial Science & Technology，Tokyo.）

7.4.2　罐

7.4.2.1　材料

罐所使用的材料对其性能是很关键的。罐的材料对蓄热效率发挥几乎与所选
取的储能材料具有一样的影响。许多罐的材料已经进行了测试，并经受了工业的
检验。工业上一致认为应采用含若干隔热材料的钢材和混凝土。

钢材是超大型储罐的最佳选择，其中存储的大量液体给存储容器施加很高的
压力，合适的设计是关键的。钢罐具有高强度，且能在现场焊接。钢罐的内外都
必须涂有涂层，以抗腐蚀。混凝土被建议用于无压力系统，因为它是一种具有大
容量存储能力的低成本材料。必须要对表面进行处理，以免存储的液体渗入到混
凝土里面。玻璃纤维因为高抗腐蚀性而经常被使用。然而，玻璃纤维价格昂贵，
且因为其成型工艺而难以将其连接在一起。塑料是一种经济的选择，可用于低温
和小容量的热能存储应用[18]。

材料的选择还应该考虑储罐的使用区域。更具体地说，设计者必须考虑泄漏
的可能性，向土壤传热以及罐底的易接近性等因素。对于储罐的内部，额外的泄
漏保护、热负荷、排水管以及高、低温条件的控制都是需要考虑的重要因素。罐

的外部必须能抗紫外线和温度的影响，且应该具有隔热和防水的特性。储罐的各个区域的重力承载能力必须考虑，因为最外围的轴承支撑着载荷、液体、隔热、拖座和配件。这些设计准则将在下一节关于压力的介绍中详细地讨论。

7.4.3 压力和应力

7.4.3.1 机械压力

在存储罐的设计中，平面压力必须予以考虑。罐壁平面切向的压力称之为环向压力，通常用 σ 表示，它是液体施加的压力 p、存储罐半径 r 和存储罐壁材料厚度 t 的函数。这里，p 是液体的表压力，而不是罐的外部压力。圆柱形的环向压力为

$$\sigma = \frac{pr}{t} \tag{7-2}$$

圆柱的纵向压力为

$$\sigma = \frac{pr}{2t} \tag{7-3}$$

对球而言，它的平面压力与圆柱的纵向压力相同。罐平面压力的上述计算公式表明，罐的半径以及罐材料的厚度是有效的安全设计参数。另一个重要的参数是储罐的温度。

7.4.3.2 热应力

因为用于热储能的材料承受着非常高的温度，设计者必须彻底弄明白温度对所用材料的影响。必须知道材料的热膨胀性能，以便计算存储罐在因为高存储温度下发生膨胀是承受了多大的张力。热应力的计算方法为

$$\Delta x = \alpha \Delta T L \tag{7-4}$$

当设计存储罐时，必须考虑机械压力和热应力的共同作用，以保证它们的合成应力远低于材料的极限强度[3]。

7.4.4 存储容器的热损耗与隔热

存储容器对环境的热损耗是其表面积-体积比的函数[10]。隔热是减小对环境热损耗的一种有效的方法。对存储容器合理的隔热设计由对环境的热损耗与隔热的成本之间的平衡决定。由于对环境的热损耗取决于表面积-体积比，圆柱形容器和球形容器将分别予以考虑。

7.4.4.1 圆柱形容器的热损耗

经过隔热的圆柱形容器的热损耗可计算为

$$Q = \frac{2\pi kL(T_s - T_a)}{\ln(R_2/R_1) + (k/h_t R_2)} \tag{7-5}$$

式（7-5）可用于计算表7-6所示条件下罐的热损耗，表7-6给出了变量的意义、单位以及每个变量的典型值。

表 7-6　对隔热圆柱形罐的热损耗起作用的变量与性质[①]

符　　号	变　　量	单　　位	值
Q	热损耗	kW	0.581
K	导热系数	W/mK	0.035
L	圆柱体长度	m	5
T_s	表面温度	℃	100
T_a	环境温度	℃	0
R_1	罐半径	m	2.5
R_2	隔热半径	m	3
h_t	半径与转换系数	W/m²K	15

① 来源：Brumleve，T. D. 1974. Sensible Heat Storage in Liquids，Sandia Laboratories Energy Report，SLL-73-0263. Livermore，CA。

　　为了确定是否需要给圆柱形罐隔热，表 7-7 和图 7-7 说明了隔热成本和隔热厚度与热损耗的函数关系，这里假定朗肯循环的效率为 42%、电能成本为 0.10 美元/kW·h。这些数据表明了对存储罐隔热的经济效益。仅仅采用 10cm 厚的隔热层就极大地减少了环境热损失，且 3 年就可以收回投资。

表 7-7　隔热圆柱形罐的货币价值[①]

热损耗/kW	隔热厚度/m	R_2	隔热体积/m³	隔热成本/美元	热损耗成本/（美元/年）	回收时间/年
18.85	0	2.5	0.00	0	6935	无
2.428	0.1	2.6	8.01	2648	893	3
1.321	0.2	2.7	16.34	5400	486	11
0.917	0.3	2.8	24.98	8256	337	24
0.708	0.4	2.9	33.93	11215	260	43
0.581	0.5	3	43.2	14279	214	67

① 来源：Brumleve，T. D. 1974. Sensible Heat Storage in Liquids，Sandia Laboratories Energy Report，SLL-73-0263. Livermore，CA。

7.4.4.2　球形容器的热损耗

　　T. Brumleve 提出了描述球形热储能容器显热损耗的关系式。球形容器在恒定温度 T_{avg} 下的热损耗 Q_L 如式（7-6）所示[5]。罐中存储的热量可由式（7-7）计算得到[4]。

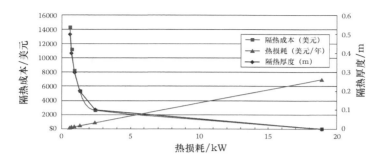

图 7-7　显示隔热的价值的圆柱形罐的热损耗-隔热厚度图

$$Q_{\mathrm{L}} = \frac{4k\pi R^2 t}{L}(T_{\mathrm{avg}} - T_{\mathrm{C}}) \tag{7-6}$$

$$T_{\mathrm{avg}} = \frac{T_{\mathrm{H}} + T_{\mathrm{C}}}{2} \tag{7-7}$$

直径为 20m 的球形存储罐填满水时，每个参数的典型值见表 7-8。将这些值代入式（7-6）和式（7-7），可得到罐的热损耗以及罐存储的热与时间的关系。图 7-8显示出了球形罐的热损耗与时间及罐内存储的热量之间的函数关系。太阳能二号（本章后面将讨论）是一个 10MW 功率的在热罐和冷罐中采用熔盐储热的塔式电站。热罐的直径为 11.6m，高度为 8.4m。它被设计为能存储 105MW·h 热能，能满额发电运行 3h。太阳能二期对环境的热损耗从冷罐和热罐、锅炉、接收箱中测得。这些部件的热损耗总计 185kW，是它在冬季的一天中收集到的热能的 2%。表 7-9 展示了计算和测量到的热储能系统产生的热损耗。

表 7-8　球形罐的热存储参数

参　数	样　本　值	单　位	说　明
Q_{L}		J	环境热损耗
Q_{S}		J	罐内存储的热量
K	0.035	W/m×K	隔热层热导率
R	10	m	罐半径
T		S	存储时间
L	0.5	m	隔热厚度
T_{ave}	368	K	$(T_{\mathrm{H}} + T_{\mathrm{L}})/2$ 日储能量
T_{amb}	293	K	环境介质温度
T_{H}	393	K	热液体温度
T_{C}	343	K	冷液体温度
C_{p}	4217	J/kg·K	水的比热容
ρ	958	kg/m³	水的密度

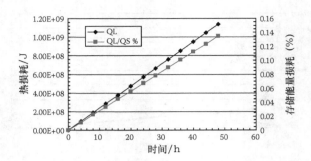

图 7-8　球形罐的热损耗与存储在罐内的能量

表 7-9　太阳能二号的热能存储主要部件的热损耗[1]

主 要 设 备	热损耗计算值/kW	热损耗测量值/kW
热罐	98	102
冷罐	45	44
锅炉壳	14	29
接收器壳	13	9.5

[1] 来源：National Renewable Energy Laboratory. 2000. Survey of Thermal Storage for Parabolic Trough Power Plants. NREL/SR-550-27925. Washington，D. C.。

7.5　热储能系统的经济性

热存储是目前最便宜的清洁能源存储可选方案。然而，进一步降低成本只能通过调度和规模经济的方法实现。当下列条件中的一个或多个成立时，热能存储是经济的。

1）大量的应用需求。
2）使用者提供随时间变化的价格（高峰时能源利用收费高，而低峰时则收费低）。
3）日负荷变化大。
4）负荷持续时间短，或者是偶发的，或者是周期性的。
5）冷却设备有处理高峰负荷的困难。
6）转移负荷以避开高峰期的需求能得到回报。

安装热能存储系统有两个主要的原因，即降低初始的建设成本和降低运行成本。初始成本可能降低是因为分布温度较低，设备和管道的尺寸能够减小。能节省运行成本是因为随着一天中或者峰值时通用需求的减小，可以采用较小的压缩机和泵。热存储的经济性对某个地点和系统是独特的，需要进行可行性研究，以决定某个具体的应用的最佳设计。已经存在了一些有效热能存储装置的实例，这些实例的成本比常规的替代方案低，能提供可观的能量，降低了能量使用成本。

热能存储系统还经常从一些意想不到的方面获益，这些原本并不是采用热能存储的主要原因。例如，设计得好的热能存储空调系统能降低冷却机组的能源消耗，降低泵的功率，缩小管道，提高可靠性，获得更好的系统平衡和控制，从而降低维护成本。

7.5.1　调峰

夏季高峰负荷使消费者和生产者的能源成本都极为昂贵。工业上采用效率低的调峰电厂来满足这些高峰负荷，这些电厂一般采用燃气涡轮机。这些热电厂比其他能源的投资成本更低，但运行所需的燃料费用更高，对环境产生的影响更大。夜间消耗 $1kW \cdot h$ 的电能所需的生产边际成本远低于高峰时期消耗 $1kW \cdot h$ 的电能的生产边际成本。热储能使光伏电厂具有潜在的"削平"峰值负荷的能力。

7.5.2　能源供应商的成本

储能使工厂经营者能够通过利用能源价格、调峰、减少生产间歇性和增加工厂利用率来使利润最大化。在低电能价格时间段内，经营者能预先产生热能，并将它们存储起来。在高电能价格时间段，即使没有太阳能，工厂仍能满额运行。含蓄热的太阳能发电可降低其他形式能源需求。热太阳能电厂使用热能存储的能力使它能够保持输出功率恒定：①降低了由不确定环境下发电引起的成本；②减少了相关的电气互连费、管理服务费和输送费。装备有热存储的太阳能发电厂通过"散布"太阳辐射以更好地匹配装机容量，从而具有增加全年发电量的能力。

7.5.2.1　存储运行成本

热能存储系统的基本成本包括存储材料、热交换器、存储罐和隔热装置的成本。华盛顿州立大学进行了一项个案研究，在达拉斯退伍军人事务医疗中心安装了一个 24628t/h 冷却水的热能存储系统。该系统带来了电力需求减少 2934kW 和年电力成本节省 223650 美元的结果[8]。当地公用事业部门提供了 220 万美元设计和安装费中的 50 万美元。装备热储能技术节省的成本，将使该退伍军人事务医疗中心在 7 年内收回投资[8]。表 7-10 和表 7-11 更加详细地列出了关于能源供应商节省的成本以及用于太阳能冷却的特定热能存储部件的成本。我们可以假定太阳能冷却储能产生的成本与太阳能加热储能的成本类似。

表 7-10 移动式冷却机组在夜间运行时采用热存储带来的月需求节约量[1]

公用事业设施需求率/（美元/kW）	冷却成本/（美元/t·h）	月需求节约量/美元
6	4.2	1008
12	8.4	2016

[1] 来源：Washington State University Cooperative Extension. 2003. Energy Efficiency Fact Sheet. WSUCEEP00-127。假定 300t 冷水机组运行的平均负荷为满载的 80%，即 240t。冷水机组的效率假定为 0.7kW/t。冷水机组假定在夜间机器空闲时运行，以便峰值需求不会随着冷水机组的运行而增加。

表 7-11 热储能煤质比较[1]

参 数	冷 却 水	冰
冷却机组成本	200~300 美元/t	200~1500 美元/t
存储罐成本	30~150 美元/（t·h）	20~70 美元/（t·h）
存储体积	6~20ft³/（t·h）	2.5~3.3ft³/（t·h）
冷却效率	5~6COP	2.7~4COP

[1] 来源：Washington State University Cooperative Extension. 2003. Energy Efficiency Fact Sheet. WSUCEEP00-127。

7.5.3 消费者成本

图 7-9 显示了有和没有储能的以天为时间单位的理论月负荷的比较。这说明了加在太阳能发电上的储能的经济优势，因为在峰值功率时，能用储能更好地匹配需求曲线，从而提供峰值时段时更加廉价的电能。

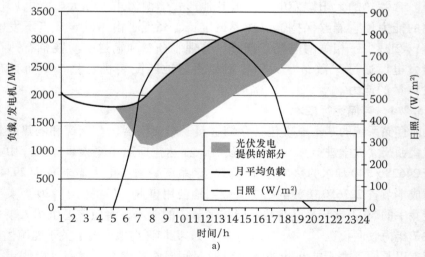

图 7-9 一天内公用电源的理论负荷和发电量
a）没有储能

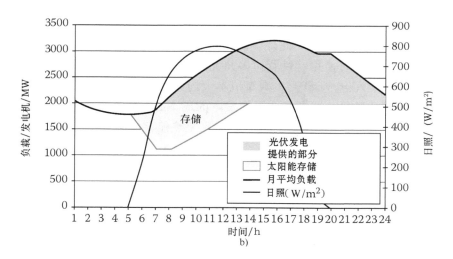

图 7-9　一天内公用电源的理论负荷和发电量（续）

b）有储能

图 7-10 显示了亚利桑那州公用服务（APS）测得的夏季某天的数据。带热储能的可用太阳能输出几乎准确地与负荷匹配，而没有热储能的太阳能输出则在负荷峰值时开始下降。因为简单的供需关系，负荷高峰时（大约下午 2 点）的能源对消费者来说是最贵的。通过给系统增加储能，公用事业能给消费者降低峰值能源成本。

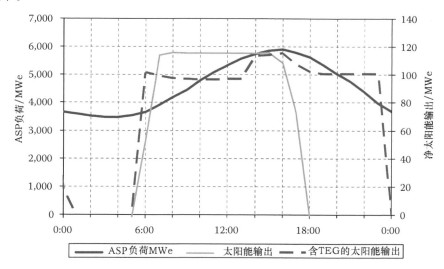

图 7-10　夏季某天亚利桑那州公用设施在有 TEG 和没有 TEG 下的负荷输出曲线与太阳光输出曲线比较

该带储能的系统能将高达两天的电厂运行等效热量存储起来，供给天黑后 3 ~ 4h 内的高需求、高价格电能。此外，两天的储能量意味着周末的能量可存储起来供周一工业恢复生产时使用。科罗拉多州戈尔登的美国国家可再生能源实验室估计出聚光式太阳能发电（CSP）的典型成本大约为 0.17 美元/kW · h。为了与现有的化石燃料的价格竞争，聚光式太阳能发电的成本必须降低到 0.05 美元/kW · h。这强调了继续研究开发热光伏电力系统，特别是热能存储的必要性。

7.6 热能存储的应用

实际的太阳光热能存储应用包括但不限于以下领域：

1）空间供热和冷却。
2）家庭用水加热。
3）工农业生产供热。
4）太阳能烹饪。
5）小型发电厂和抽水机。
6）碟式发电机（缓冲储能）。
7）大型聚光式太阳能发电厂（典型的为 3 ~ 12h 的储能）。

本节将主要讨论热能存储在聚光式太阳能发电厂、建筑和工业工程供热以及季节性供热中的应用。

7.6.1 聚光式太阳能发电应用

或许热能存储最合适的应用场合是大规模聚光式太阳能发电厂（CSP）。CSP技术使用镜子反射并聚集太阳光到光伏电厂中的接收器上，完成能量的收集并将它转换为热能。槽式 CSP 的一个优点是它们具有的存储太阳光热能在没有太阳时使用或供给最需要时调度的潜力。热能存储使槽式太阳能电厂获得了更高的年利用率，从没有热储能时的 25% 上升到有热储能时的 70% 或更高。集中的太阳辐射的热被用来将工作中的热传输液的温度提高到接近 400℃，将能量传至蒸气发生单元，如图 7-11 和图 7-12 所示。

图 7-11 显示了一个采用双罐间接型热能存储的聚光式太阳能发电厂。涡轮机内的蒸气膨胀给发电机产生机械转矩[6]。接着，在与热传输液体吸收器发生热交换得到热量进入再循环之前，这些蒸气发生热损失后冷凝[6]。这个蒸气动力产生过程可用一个四步的朗肯循环描述，如图 7-12 所示[6]。朗肯循环包括：①泵对水的等熵压缩；②在蒸气发生器内进行等压加热；③蒸气在汽轮机内等熵膨胀；④蒸气等压冷凝成水。

178

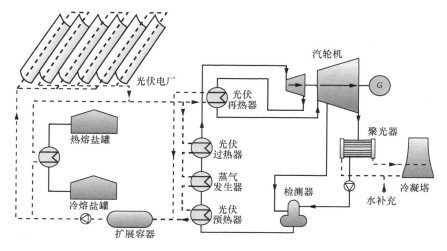

图 7-11　亚利桑那州希拉本德的图阿文戈亚太阳能电场示意图 （来自 Abengoa
Solar：Our Projects. Solana. http：//www. abengoasolar. com/corp/web/en/our_projects/
solana/index. html. 已授权）

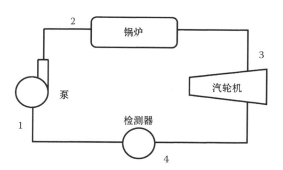

图 7-12　朗肯蒸气循环发电 （来自 Cengel，Y. A. ，and Boles，
M. A. 1994. Thermodynamics：An Engineering Approach. McGraw
Hill，New York. 已授权）

　　太阳能的收集、集中和发电已经过检验的三大实用技术是收集槽、太阳能发
电塔和斯特林发电机。每一项都有复杂的几何结构和相关的将太阳能聚集到接收
器上的装置。对大规模发电以及结合热能存储而言，槽式和塔式是最先进的系统。
表 7-12 比较了这些聚光式太阳能发电技术的特点。

表 7-12　基本的聚光式太阳能发电技术

技　术	槽　式	塔　式	斯特林碟式
描述	线形槽式太阳能集中蒸气涡轮机循环	含中央塔接收器的日光反射镜阵列	点聚焦，液体膨胀，斯特林发动机发电

（续）

技 术	槽 式	塔 式	斯特林碟式
太阳能到电能的转换效率	14%	16%	20%
集中因子	100 太阳点	1000 太阳点	3000 太阳点
传热液温度	400℃的油	600℃的熔盐	725℃的油
需要占用的空间	5arce/MW	8arce/MW	4arce/MW
优点	最先进的 CSP（SEGS）	易与热能存储相结合	模块化，低投资成本

7.6.1.1 现有的大规模太阳光热能存储系统

加利福尼亚州莫哈韦沙漠太阳能一号和太阳能二号——第一个商业的聚光式太阳能发电塔式系统是一个称之为太阳能一号的 10MW 试验场，它配备了一个热能存储罐，用于测试油、岩石和沙子做存储媒质的热存储系统的性能。最终，565℃的熔盐被确定为最佳的存储材料。该工程利用 1818 块 40m² 的透镜产生 10MW 电能，总面积为 72650m²。太阳能一号于 1981 年竣工，1982—1986 年运行。

在 1995 年，通过环绕着已有的太阳能一号增加 108 个更大（95m²）的日光反射装置组成的第二个环，太阳能一号被扩建成为由 1926 个反射装置，总面积 82750m² 的太阳能二号。新的太阳能二号电厂也能产生 10MW 的电能。太阳能二号采用熔盐（60%的硝酸钠和 40%的硝酸钾混合物）作为存储媒质。它在 1999 年退出运行，并在 2001 年由加州大学戴维斯分校改建成空气切伦科夫望远镜，用于测量进入大气中的伽马射线。

加利福尼亚莫哈韦沙漠太阳能发电系统（SEGS）——Luz 国际于 1985 年在莫哈韦沙漠的克莱默交界处建立了第一个太阳能发电系统。那里现在有 9 个太阳能发电厂，它们合起来组成了世界上最大的太阳能发电装置。SEGS I 是一个带有 3h 热存储容量的 13.4MW 电厂，采用液态矿物油的做存储媒介。

表 7-13 比较了 SEGS I，太阳能一号和二号，以及其他的热能存储的工业应用情况。需要对储能技术如热能存储进行进一步的发展，以便调节可再生能源，使其能够提供基本负荷电能。

表 7-13　热能存储的工业应用[①]

项 目	类型	存储媒质	冷却循环	标称温度/℃		存储方式	罐的体积/m³	热容量/MW·h
				冷	热			
灌溉水泵，美国亚利桑那州柯立芝	槽式	油	油	200	228	单罐，温跃层	114	3
IEA-SSPS，阿尔梅里亚，西班牙	槽式	油	油	225	295	单罐，温跃层	200	5

（续）

项　　目	类型	存储媒质	冷却循环	标称温度/℃ 冷	标称温度/℃ 热	存储方式	罐的体积/m³	热容量/MW·h
SEGS I，美国加州达格特	槽式	油	油	240	307	冷罐 热罐	4160 4540	
IEA-SSPS，阿尔梅里亚，西班牙	槽式	油，铸铁	油	225	295	双重媒质罐	100	4
Solar One，美国加州巴斯托	中央接收器	油，沙子，岩石	蒸气	224	304	双重媒质罐	3460	182
CESA-1，阿尔梅里亚，西班牙	中央接收器	液态盐	蒸气	220	340	冷罐 热罐	200 200	12
THEMIS，法国Targasonne	中央接收器	液态盐	液态盐	250	450	冷罐 热罐	310 310	40
Solar Two，美国加州巴斯托	中央接收器	液态盐	液态盐	275	565	冷罐 热罐	875 875	110

① 来源：National Renewable Energy Laboratory. 2000. Survey of Thermal Storage for Parabolic Trough Power Plants. NREL/SR-550-27925. Washington，D. C.。

7.6.2 建筑和工业过程供热

热储能技术能用于规模较小的建筑和工业过程。表7-14和表7-15分别列出了热能存储在建筑和工业生产过程中的常见应用。例如，在很多工业中都需要清洁过程（如清洗瓶子、罐子、桶以及加工设备），这消耗了食品工业中使用的大部分能源。金属化处理（镀锌，阳极氧化，喷漆等）设备也需要使用能量来清洁设备的局部和表面。纺织厂和洗衣店清洁面料，汽车服务站清洗汽车，所有这些操作都需要温水（60～100℃），这都给热能存储提供了很好的应用场合。存储并整合到现有的供热系统中是很容易的，因为它们已经拥有作为主要媒质的水的存储罐。

表7-14　热能存储的建筑应用①

应　　用	温度/℃	存　储　媒　质	类　　型
空间供热：活跃的太阳能住宅区，日存储			
空气加热集热器	60	岩床	显热
	30～40	胶囊型 PCM	潜热
		块状固体/固体 PCM	潜热
液体加热集热器	50	温跃层罐中的分层水	显热
		湿土，间接型 HX	显热
		带间接型 HX 的块状 PCM	潜热

（续）

应　用	温度/℃	存储媒质	类　型
液体加热集热器	30 ~ 40	带间接型 HX 的块状 PCM 和不溶于水的液体	潜热
		胶囊型 PCM	潜热
大规模收集器 （年平均存储）	50 ~ 90	罐中的水，挖出的坑，矿物溶洞	显热
		天然或人工蓄水层	显热
		原状土，黏土，岩石	显热
被动太阳能	30 ~ 45	水墙	显热
		特隆布砌体墙	显热
		辐射管道或平板中的胶囊型 PCM	潜热
		分散在建筑元件中的 PCM	潜热
		分散在建筑元件中的固体-固体 PCM	潜热
空间制冷：闭环系统			
朗肯和液体吸收 式制冷机的热端 存储	90 ~ 120	通风或加压罐中的水	显热
		带间接型 HX 的块状 PCM	潜热
		块状结构稳定的交联聚合物 PCM，直接型 HX	潜热
朗肯和液体吸收 式制冷机的冷端 存储	5 ~ 10	罐内自然分层的水	显热
		多个的，分区的或灵活划分的罐内的水	显热
		胶囊型 PCM	潜热
		带间接型 HX 的块状 PCM	潜热
		带直接型 HX 的块状 PCM 和不互溶液体	潜热
开环系统（干燥 剂式冷水机组）	90	固体吸收系统岩床	显热
	60	浓盐溶液	TC
空间加热和冷却 （热化学反应储能热 泵）	100 ~ 300	断续的固体-蒸气系统	潜热
		连续的或断续的固体-蒸气系统	潜热
民用热水			
温跃层罐中自然 分层交付水	55	补充的 PCM，双层水罐中的胶囊块	潜热

① 来源：de Winter，F. 1990. Solar Collectors，Energy Storage，and Materials，MIT Press，Cambridge，MA. With permission。

表 7-15　热能存储过程供热应用①

工农业过程供热的选项	温度/℃	存储媒质	类　型
过程热水	60 ~ 90	温跃层单罐或双罐内的交付水	显热
低压蒸气	100 ~ 130	间接型 HX 的加压水	显热
		温跃层单罐或双罐内的石油油料	显热
		连续液体-热化学泵蒸气	TC
100lb 蒸气	170	温跃层单罐或双罐内的石油油料	显热
		蒸气形式的加压水	潜热
高压饱和蒸气	300	温跃层单罐或双罐内的石油油料	显热
		温跃层罐内的石油油料/岩石（双介质）	显热
		蒸发 HX 的胶囊式 PCM	潜热
		带间接型 HX 的块状 PCM	潜热
		地下和地上加压水	潜热
作物干燥（空气加热）	50 ~ 70	岩床	显热
		液体干燥剂，年平均	TC

① 来源：de Winter，F. 1990. Solar Collectors，Energy Storage，and Materials，MIT Press，Cambridge，MA. With permission。

7.6.3　季节性供热

　　季节性供热是将热能存储设计成为在炎热的夏季存储热能供在寒冷的冬季使用的一个应用。热量通常用太阳能收集器收集，也可以同时或单独使用其他能源。季节性供热可被分为三个大的系统类型：低温、暖温和高温系统。低温系统使用与建筑物相邻的土壤作为季节性热的存储物，吸收存储的热来加热空间。存储的热通常达到与年平均气温差不多[14]。这样的系统也可以看成是建筑物的延伸，尽管在其设计中含有一些简单但在传统建筑没有的特殊成分。暖温的隔季节存储也使用土壤存储热能，但是在夏季炎热时，采用可控的太阳能收集装置在供热季节之前加热热罐[14]。高温季节性热存储本质上是建筑供热、通风、空气调节和水供暖系统的扩展。通常采用水做媒质，并将其存储在热量能传入土壤的罐里[14]。相变材料以及先进的土壤热系统也偶尔被用来代替它。对于安装在单独的建筑上的系统，需要额外的空间来安放存储罐。

　　对于所有的情况，有效的地面隔热以及建筑物隔热都是需要的，以将建筑物的热损耗降到最低，因而热损耗需要被存储起来，用于空间的加热。尽管设计上存在差异，低温系统往往趋向于采用简单且相对便宜，且不易发生设备故障的组件来实现[14]。然而它们需要具备一定条件的修筑地点，如具有干净的地下水、岩层以及现成的建筑，且受限于温度、气候带和空间加热操作。高温系统由于它们的机械和电气元件具有与常规空间和水供热系统一样的脆弱性，所以必须保证其更宽的适应能力[13]以及能够用于更严酷的气候。

参 考 文 献

1. Abengoa Solar: Our Projects. Solana. http://www.abengoasolar.com/corp/web/en/our_projects/solana/index.html
2. Arizona Public Service. Solana's Technology: Arizona's Largest Solar Power Plant. http://www.aps.com/main/green/Solana/Technology.html
3. Beckmann, G., and Gilli, P.V. 1984. *Thermal Energy Storage: Basics, Design, and Applications to Power Generation and Heat Supply*. Springer, Heidelberg.
4. Beer, F.P., and Johnston, E.R. 2001. *Mechanics of Materials*, 3rd ed. McGraw Hill, New York.
5. Brumleve, T.D. 1974. Sensible Heat Storage in Liquids. Energy Report 73-0263. Sandia National Laboratories, Albuquerque, NM.
6. Cengel, Y.A., and Boles, M.A. 1994. *Thermodynamics: An Engineering Approach*. McGraw Hill, New York.
7. de Winter, F. 1990. *Solar Collectors, Energy Storage, and Materials*, MIT Press, Cambridge, MA.
8. Washington State University Cooperative Extension. 2003. Energy Efficiency Fact Sheet. WSUCEEP00-127.
9. Hermann, U., Geyer, M., and Kearney, D. 2002. *Overview of Thermal Storage Systems*.
10. Krieth, F., and Bohn, M. 2001. *Principles of Heat Transfer*, 6th ed. Brooks Cole, New York.
11. National Renewable Energy Laboratory. 2000. *Survey of Thermal Storage for Parabolic Trough Power Plants*. NREL/SR-550-27925. Washington, D.C.
12. National Renewable Energy Laboratory. 2008. TroughNet: Parabolic Trough Thermal Energy Storage Technology. http://www.nrel.gov/csp/troughnet/thermal_energy_storage.html
13. Owens, B. 2003. The Value of Thermal Energy Storage. Platts Research & Consulting.
14. Paksoy, H.O. 2007. *Thermal Energy Storage for Sustainable Energy: Consumption Fundamentals, Case Studies, and Designs*. NATO Science Series, Springer, Heidelberg.
15. Anzai, S. et al. March 30, 1977. Thermal Energy Storage Tank. Patent 4,088,883 assigned to Japan Agency of Industrial Science & Technology, Tokyo.
16. International Energy Agency. Solar Heat for Industrial Processes. Task 33/Task IV. Solar Heating & Cooling Programme, SolarPACES. Newsletter No. 1.
17. Turchi, C. July 21, 2008. Thermal Energy Storage for Concentrating Solar Power Plants. National Renewable Energy Laboratory.

18. U.S. Department of Energy, *Active Solar Thermal Design Manual*, Contract EG-77-C-01-4042.
19. U.S. Department of Energy. Energy Efficiency and Renewable Energy. http://www1.eere.energy.gov/solar/images/parabolic_troughs.jpg
20. Wyman, C. March 1979. Thermal Energy Storage for Solar Applications: An Overview. SERI/TR-34-089, Solar Energy Research Institute, Golden, CO.

第8章 天然气存储

Kent F. Perry

8.1 引言

第一个被记载的天然气存储设施是加拿大 Ontario Welland 郡，一个在 1915 年被改造的枯竭天然气藏。天然气存储在美国天然气工业中扮演重要角色，它能消除生产模式和天然气需求之间的差距，并将输配系统的费用降到最低。天然气的地下存储被用于在特定时段内补偿季节性（夏天和冬天）波动，平衡供需，以保证天然气对用户是即时可用的（Beckman 等，1995）。

如果没有天然气存储，美国和加拿大的天然气输送能力和管线容量将需要被大量增加，以满足冬季需求高峰。因此，存储为天然气工业提供了显著增值。天然气能以几种不同的方式存储，通常被强制保存于地下：①油气田中的枯竭油气藏；②蓄水层；③盐穴层。

每一种存储类型都具有自己的物理特性（孔隙率，渗透性，持留能力）和经济性（场地准备费用，供气率，循环容量），这些特性影响着它们对具体应用的适用性。地下储气库最重要的两个特性是存储能供未来使用的天然气的能力，以及能够被抽取的天然气的比率——供气率。储气量是影响短期气价的另一个因素。因此，存储容量和使用情况是天然气市场关注的重点。

天然气市场近期的变化正在改变天然气存储的角色和经济意义。市场中心的发展增加了地处战略位置的储气库的重要性，并扩展了存储服务供应商可提供的服务类型。管线价格结构的变化，及管道容量贴现和产能释放的重要性的增加，改变了许多存储设施的经济性。另外，需求的变化，尤其是发电对天然气需求的增长，影响着总负荷因数和对天然气存储的要求（见图 8-1）（能源与环境分析，2000）。

8.2 地下天然气存储的历史发展

第一个被记载的天然气存储设施是加拿大 Ontario Welland 郡一个改造的枯竭天然气藏。美国的第一个储气库在纽约州 Buffalo 附近的 Zoar Field，1916 年开始运行至今。夏季在枯竭气田中存储天然气，而在需求高峰期间提供额外供应，这对美国东北部的经销商和电力部门来说很有意义，其他气田也逐渐被开发。

第二次世界大战后，为刺激战后生产和发展，对能源的需求增加，新的大口径长距离天然气管道被敷设，以连接俄克拉荷马州、堪萨斯州、路易斯安那州和得克萨斯州等天然气供应区与中西部、东北部的人口密集区。

天然气工业意识到需要新的天然气存储来服务这些区域对天气变化敏感的负

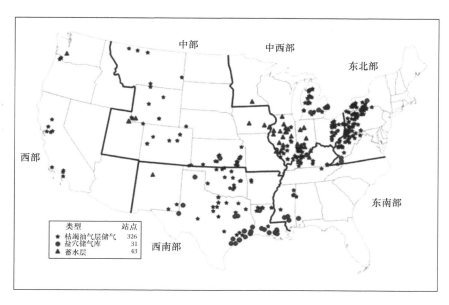

图 8-1　美国地下储气库的位置和类型（来自美国能源部）

荷。如果没有新的存储容量，管道尺寸将超过 20 世纪 50 年代钢铁工业的制造能力。另一种选择，敷设大量小型管道则被认为是成本高昂的。

从 1950—1965 年，天然气储气库数量的增长引人注目。美国中西部的蓄水层存储被开发，以供应巨大的芝加哥市场；在宾夕法尼亚州、俄亥俄州和西弗吉尼亚州，更深的枯竭气田被开发；第一个层状盐穴存储在密歇根州被开发。第一个盐丘中的盐穴储气库于 1970 年在密西西比州运营，作为飓风后的备用供应。目前，美国、加拿大和欧洲建造了接近 600 个天然气存储设施（见图 8-2）。

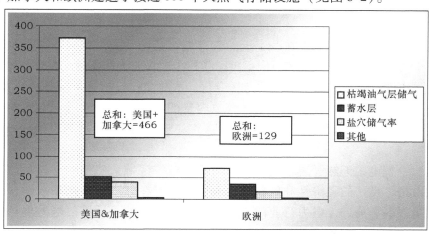

图 8-2　美国、加拿大和欧洲的地下存储领域（美国天然气协会和美国能源署）

189

天然气存储最初是作为单回的基础负荷为管道输送提高灵活性而实施的，这项服务向用户收费。1978年天然气政策法通过，规定了上涨的、某些时候具有鼓励性的井口价格，最终让天然气工业克服了由于采用昂贵的、不受管制的州内天然气造成的供应短缺。近年来，对新能源的兴趣和需求的增加源于多重因素，包括美国联邦能源管理委员会（FERC）第636号令宣告了大多数传统管线交易服务的结束。这一结果将管线的商业活动从供应商移向了运输商，让远途运输商（LDC）、发电厂以及大型工业用户对它们自己的天然气供应安排负责。大部分由管线拥有和经营的天然气存储在商业服务中被重新定义和分类定价；因而，管道储运不再为了终端用户进行管理，而是为许多不同的、使用普通设施的公司运行。

放宽对天然气作为燃料的限制以后，天然气作为一种优先选择的能源重新出现。这主要是由于20世纪80年代早期的钻探引起的过量供应情况、1983年的经济衰退、《洁净空气法案》运动以及从加拿大进口天然气量的增加。这一结果将天然气存储利用的概况从基本负荷90~150天的输送分配周期及200天以上的回注周期变为更短的时间和更灵活的利用。

天然气市场近期的变化正在改变天然气存储的角色和经济意义。市场中心的发展增加了地处战略位置的储气库的重要性，并扩展了存储服务供应商可提供的服务类型。管线价格结构的变化、管道容量贴现和产能释放的重要性的增加，改变了许多存储设施的经济性。远途运输商的改组影响着天然气存储，也让许多远途运输商收缩了业务活动。另外，天然气需求结构的变化，尤其是发电对天然气需求的增长，影响了天然气需求的总负荷因数，同时对存储需求产生了显著影响。这些因素一起导致了天然气存储运营方式的重大变化。

8.3　影响天然气存储未来价值的关键趋势

三个重要的市场趋势正在改变天然气存储市场的性质。首先，管道的改造改变了天然气存储的功能和价值。依据美国联邦能源管理委员会第636号令的管道改造导致了影响天然气利用和价值的市场变化。这些变化包括管道服务的分类定价，向固定可变利率设计的转变，存储和管道容量的二级市场的发展，市场中心和天然气营销商重要性的增强，以及向存储服务基于市场价格的转变（Beckman等，1995）。

其次，发电用天然气的增加很有可能增加销售区域天然气的存储价值。由于技术的改进，良好的经济性和低排放，天然气有望在可预见的未来被越来越多地用为发电燃料。另外，电力行业的重组正导致着灵活的、可见的电力现货市场的发展，对成本最小化和增加发电站操作灵活性具有更大的激励。更大的灵活性和对在天然气和其他发电燃料之间套利的激励等因素很可能增加高输送能力市场区域天然气存储的价值。

最后，远途运输商的改组可能提高存储服务的效率。

天然气远途运输商的改组和分类定价正在许多州内进行。天然气商业经济将经受与天然气营销商提供的服务的更激烈竞争，天然气营销商包括不受管制的现有远途运输商成员。至少在初期，更多实体将持有管道和远途运输商存储的权力。天然气存储的持有者更可能具有最大化存储价值的直接谋利动机；因而，市场可能看到新的存储服务的提供和对现有存储设施更有效率的利用，以增加盈利能力。

8.4 天然气存储的种类

天然气地下存储三种主要类型的"储气库"有枯竭储层、蓄水层和盐穴。美国东海岸地区的特点是用枯竭储层和蓄水层存储；墨西哥湾沿岸混用枯竭储层和盐穴存储；西海岸主要利用枯竭储层。储气田的组成与枯竭储层和蓄水层设施类似。图8-3展示了其基本组成（密歇根大学，1978）。

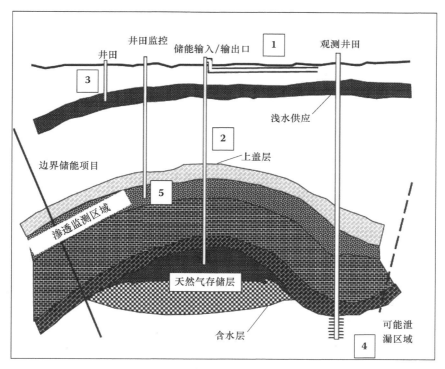

图8-3　用来进行天然气监测的天然气存储系统区

1—地表　2—井眼　3—浅水井　4—气藏溢出点　5—盖层上的渗透区

8.4.1 枯竭储层存储

最普通的天然气地下存储方式出现在浅的、产气能力高的枯竭油气储层中。尽管要求有所不同，一般这些储层需要 50% 的基础气（也就是等量的基础气和工作气），并表现出以下几个优点：

1）临近现有的区域性管道基础设施。

2）具有一些可用的井和气田集气装置，能减少改造成储气库的费用。

3）地质情况已知，包含以前存留的碳氢化合物，将气藏"泄漏"的风险降至最低。

枯竭储层也有一些缺点。由于储层产气机理的本质，工作气通常每季只循环一次（产气能力极高的储层除外）。通常，这些储层是陈旧的，并需要大量良好的维护和监控，以防止工作气通过井眼漏入其他可渗透储层。

8.4.2 蓄水层存储

蓄水层存储是将天然气注入地下原来充满水的地层（蓄水层）。天然气从含水地层的顶部注入并替换下部的水。这种类型的储层只占美国储气供应能力总量的 10%~15%，主要存在于缺少枯竭油气储层的中西部。蓄水层储气库的优点包括：

1）接近终端用户。

2）高质量储气库与用气期间的水压驱动提供了高供气能力；高供气能力增加了工作气循环能力，使其多于每季一次。

蓄水层存储的一个缺点是高地质风险。这些储层没有之前存留的碳氢化合物，因此，其容纳注入的基础气和工作气的能力存在一定程度的不确定性。实质性储气库泄漏的风险同样存在。因为这些储气库通过水压驱动产气，所以在抽气期间经常伴随产水，这增加了运行成本。由于采用抽气期间的水压驱动机制，基础气需求较高（80%）。大百分比的基础气在场所废弃后不可回收。因为增加了初始建设成本，高基础气需求可能限制新蓄水层存储天然气工程的数量（Katz，1977）。

8.4.3 盐穴存储

盐穴存储的场所是现有盐丘中溶浸采矿的溶腔（见图 8-4）。这些浅层的空腔被注入天然气，作为高压存储容器——本质上它们是大型天然气地下储罐。其优点包括：

1）不超过 25% 的低基础气需求，在紧急情况下可允许接近 0%。

2）超高的供气能力（比枯竭储层和蓄水层存储高得多）。

3）运行灵活性：这些储气库一年能够循环工作 4~5 次。位于墨西哥湾沿岸的位置允许白天产气、夜晚注气，以帮助满足夏天使用空调器旺季的高峰需求。

4）优良的密封：穴壁是基本不可渗透的屏障。

5）储气库天然气泄漏的风险小。

其缺点包括：

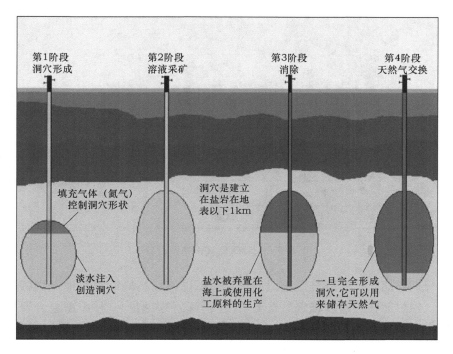

第1阶段
洞穴形成

第2阶段
溶液采矿

第3阶段
消除

第4阶段
天然气交换

填充气体（氮气）
控制洞穴形状

洞穴是建立
在盐岩在地
表以下1km

淡水注入
创造洞穴

盐水被弃置在
海上或使用化
工原料的生产

一旦完全形成
洞穴,它可以用
来储存天然气

图 8-4　盐床储气穴

1）与北部冬季供暖市场距离远。

2）昂贵的初始启动投资：对溶浸采矿期间产生的饱和盐水的处理可能很昂贵且有环境上的问题。

其他类型的天然气存储在总存储量中占得很少。

8.4.4　液化天然气

液化天然气（LNG）设施能在市场需求超过管道供应能力的高峰期提供供气能力（见图8-5）。与地下存储相比，液化天然气储罐拥有一些优点。液态天然气在接近 $-163℃$（$-260℉$）的温度下所占空间大约为地下存储的1/600；因为液化天然气存储设施通常位于市场附近，所以能在很短时间内达到高输送能力，并且天然气可用卡车送往用户，从而避免管道通行费用。

8.4.5　管道容量

通过被称为管道储气的过程——通过加压在管道中加入更多的天然气，天然气可被临时存储在管道系统中。在需求高峰期，销售区从管道中抽取的天然气量大于生产区注入的量。管道储气通常在非高峰时段进行，以满足第二天的高峰需求。然而，这种方法只能作为传统地下存储的临时、短期的替代。

8.4.6　气柜

天然气可被存储在地上的气柜中，这种方式的目的很大程度上是为了平衡，

图 8-5　天然气储气田地面设备

而不是长期存储。气柜以分区压力储气，所以能够在高峰期很快地提供额外的天然气。气柜可能在英国和德国最普遍，主要有两种类型：一种类型包含通常可见的柱状导向装置，不论气柜框架结构形式和所处位置；另一种为螺旋导向类型，其没有框架结构，利用同轴滑槽形式。

8.5　天然气存储在天然气输配中的作用

　　地下存储是有效、可靠的州际天然气输配网络的必要组成部分之一。输送系统的规模和概况通常部分取决于存储的可用性。有权使用地下天然气存储设施，尤其是那些位于消费地区的设施，使主干输送管线运营者能够设计其系统位于存储设施上游的一部分，以适应总的承运商包销（包租）容量水平和管道潜在的存储注入需求（基本负荷要求）。

　　存储区域下游的输送系统部分（包括液化天然气调峰设备）被设计用来适应和匹配区域中承运商、本地配气公司和用户在高峰时期的最大需求。一般按大小排列所有接入系统的存储设施，以反映总的高峰日抽气（供气）水平，并估计可能的高峰时期的需求。

　　一些地下存储设施位于生产区管道走廊的始端，对比靠近消费市场的存储设施，它们能存储不适于生产出来马上销售的天然气。例如，石油开采时产生的伴生气，它随石油市场决策而变，可能与天然气需求或将天然气输送到最终消费市场的可用管道容量不相符。另一个例子是产于低压井的天然气的存储，它们可能在非高峰期被注入储气库，并于高峰期在高压下输入主干管线。

　　1991 年 8 月，美国联邦能源管理委员会的经济政策办公室（OEP）发布讨论文件，建议联邦能源管制委员会通过认可和鼓励天然气市场中心（枢纽）的发展，提高天然气市场的效率。天然气市场中心被美国联邦能源管理委员会定义为天然气管网中购买者和销售者可以收取或交付天然气的地方。美国联邦能源管理委员会的定义要求枢纽必须靠近几条管线的交点，并且为了方便和平衡，应该靠近比较大的生产或存储区域。通过管道服务分类定价和禁止抑制枢纽利用的管道关税，第636号令通过要求天然气业内自由市场的平等准入来促进枢纽的使用（Beckman等，1995）。

美国本土48个州中有$\frac{2}{3}$的州天然气供应基本完全依靠州际管道系统（见图8-6）。在州际管网中，长距离、宽直径（20~42in）、大容量的干线输送运往全国各地的天然气中的大部分。2007年，州际管道公司作为承运方输送了超过36万亿ft³（Tcf）的天然气。30个最大的州际管道系统输送了总量的约81%（29.8Tcf）。天然气在到达最终目的地之前通常要经过若干州际管道系统。国家天然气管网的州际部分占了美国约71%的天然气主线输送里程。30个最大的州际管道公司拥有所有州际天然气管道里程的约77%，以及州际网络中可用总容量的约72%（1830亿ft³［Bcf］）。

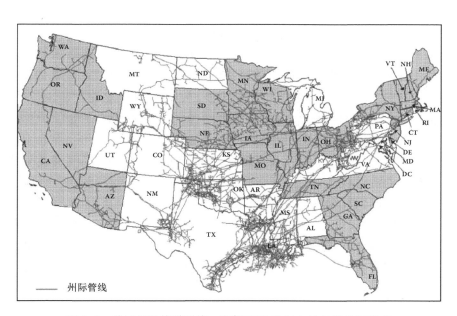

—— 州际管线

图8-6　美国州际管道系统。它们85%及以上的总天然气需求
用在灰色阴影州需要的管道系统

某些最大的管道容量出现在连接西南部天然气生产区和国内其他区域的天然气管道系统中。美国30个最大的管道系统中的16个位于西南部，另有4个很大程

度上依赖西南部的天然气供应。

8.6 客户细分

传统上，地下天然气存储被管线和远途运输商开发和利用，以优化长途输送容量。销售区存储在要求的时间提供增加的城市门站交付，并提供更大的长途输送管道容量。当销售区域要求增加新的供气能力时，天然气产业周期性地向存储资产投资进行建设。在第 636 号令颁布以前，管线拥有国家存储的 59%，并管理大部分用于系统供应保障的存储。远途运输商拥有国家存储容量的 38%，并从管线租赁附加容量。剩下的存储被部分其他特殊目的的公司所持有，这些公司通常向客户提供长期出租的专用设备。第 636 号令出现以后，远途运输商用综合估价的天然气服务交换对等的存储容量。结果是远途运输商现在控制着目前美国 70% 以上的存储容量。

8.6.1 远途运输商

大体上，远途运输商继续将它们大部分的销售区存储用于季节性基荷和调峰服务。在评估存储的利用时，远途运输商的关键目标是供应安全性、高峰期作用范围和成本最小化。存储的天然气的所有权、与消费地点的接近程度和管道收费的最小化共同影响着远途运输商存储利用的决策过程。

生产区的存储被一些远途运输商用作更贵的波动供应配置的替代品。天然气很少作为供应集成工具或为了价格套利的目的而存储。当远途运输商用容量管理从长期天然气供应商处换得供应价格折扣时，生产区的存储通常最先分派给供应商。高供应-高注入的盐穴工程引起了除远途运输商以外的所有产业成员的兴趣。开发商正在寻找定期租赁天然气存储的客户，基于客户的信用质量，大多数这种产品需要 4 千万到 1.2 亿美元标签价格的 75% 以上的融资。

新的生产区气藏存储工程正在发展水平钻井技术，作为提高气藏注采特性的方法，以模仿盐穴天然气存储服务。气藏存储开发商中的这种趋势，反映了他们对气田区域存储的供气能力和灵活性的价值认知。

8.6.2 供应商和集成商

从对天然气拥有所有权的大公司到以买卖关系为业的个体经纪人，都是天然气营销实体。较大的供应商和集成商通常简单地通过操控天然气日流量，以及试图在管道的平衡实践范围内进行操作，来为远途运输商、发电厂和工业提供具有竞争力的波动天然气供应。

大营销商正积极地以开发商、客户和代理商的身份进入存储市场。由于需要确保他们的供应安全性，他们愿意在融资项目所需的整段时期内向天然气存储投资。他们的投资组合中有替代天然气生产净资产的硬件设备投资，他们主要利用了远途运输商愿意支付波动费用，而不愿向存储设备投资的特点。存储位置在证书清单上取代了井口位置提供天然气供应，为了增值的远途运输商业务，非股权天然气供应商需要竞争以获取供应证书。用储气来支持套利和天然气合同的套期保值可能是最有利可图的做法，但同时也表现出了最大限度的风险，由于监控层的限制，大部分远途运输商并不追求这些机会。

8.6.3　州内管道

州内管道是管道资产转售市场中最醒目的目标。对州内管道来说，存储的价值不管是以股权投资还是以服务租赁的形式获得，本质上与大供应商和集成商估计的价值是一致的。价值依据存储服务带给气体销售部门的收益来定义。这包括供应商从波动供应销售、紧急备用销售、平衡、无预警销售，以及套利和高峰销售等环节可获得的利益。

8.6.4　州际管道

多年以来，存储一直是州际管道公司一个重要的职能组成。开放式准入和商船的天然气销售及服务的淘汰使管道存储区域有效地变成"仓库"运营。为了运行的连续性，第636号令允许管道仅按要求保留这种存储。美国的一些主要管道系统在没有存储服务的利润或天然气控制的情况下运行。这些管道通常将管道储气以"无标识"服务出售，它们都尝试通过多种工作流程命令处理日常运行要求。工作流程指令给它们足够的自主权来要求承运方改变任何引起问题的行为，比如，进入管道以支持供气的天然气不足，或者需求不足以匹配接收到的天然气。

8.6.5　生产商

过去，生产商在天然气存储和交易中是有限参与者或未参与者，主要由于遍及大部分主要参与者的企业文化将它们的主要业务归类为勘探及生产。使勘探及生产文化问题更复杂的是存储运营者很少能获得超过15%的税后已动用净值回报率的事实，并且勘探及生产公司相信他们的工程应该具有高得多的最低预期回报率来承担在钻井业务中遇到的高故障率。一些生产商正把存储当作发展中的行销组织分支的附属物。生产商现在开始在平衡、保证天然气销售的应急备用和当平台生产被飓风或其他因素中断时的替代销售量方面认识到价值。

8.7　客户细分总结

第636号令在天然气业务中没有引起大的变化，即还是同样的生产者在市场中销售天然气，同样的管道将天然气输送给同样的终端用户。但其中有些要点被改变了，如谁控制着管道容量、怎样计费、谁在销售由存储产生的增值服务（或有时被称为"虚拟存储"的天然气交易）、管道和存储容量的标准是什么、谁最终为住宅层面的天然气服务负责等。国家层面的分类定价正在考量这些因素，并可能在此后 10 年存储产业的发展上形成远比联邦监管改革更引人关注的议题。可能的影响是使远途运输商对高峰更敏感，要求通过更多运输商进行平衡，导致公用负荷的持续分散，并将天然气供应责任交还给供应商。与此同时，输出量的不确定性可能会阻碍远途运输商在储气资产上的重大投资，并可能导致大型供应商和集成商的形成。

8.8 储能的经济性

依照那些尝试对设施或服务进行估价的独立评估方的观点，地下天然气存储展现出了各种经济合理性。在传统的费率制定中，天然气存储服务的价值决定于服务（如"无通知"服务）所避免掉的成本开销。同时可避免掉的成本开销还在天然气利用中发挥作用，天然气存储的价值评估还应考虑到由此引起的天然气销售量提升的获利。

大体上，高天然气价格通常与低存储时期相关联，如图 8-7 所示。通常，在回填期（4 月到 10 月）早期价格高时，许多储气用户采取观望态度，限制他们的输入量，期望价格会在供暖季节（11 月到下一年 3 月）前回落。然而，在价格下降没出现时，他们就被迫使用高价购买天然气。对本地配气和其他依靠储气来满足其客户的季节性需求的运营者来说尤为如此。另一方面，将储气作为营销工具（套期保值或投机）的其他用户将在价格高时延迟对天然气的大量存储。

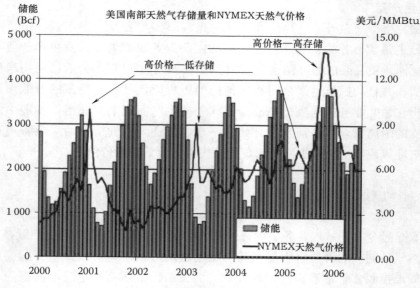

图 8-7 从 2000 年到 2006 年美国南部天然气存储量（来源：EIA，GLJ）

至于能源部门的基建投资，发展存储设施需要大量的资金支持，属于资本密集型。投资者通常使用投资回报率（ROI）作为财务指标来评估此类项目的可行性。据估算，当受控项目回报率达到 12% ~ 15%，非受控项目回报率接近 20% 时，投资者才会考虑投资。非受控项目的高预期回报率是建立在其高市场风险之上的。与此同时，用于规划和定位可行存储地 X 点上的重大开支也在不断累加，以确保选址适合，而这又进一步增加了风险。建立设施的花销多少主要取决于油气藏的物理特性。存储设施的开发成本，在很大程度上取决于存储的类型。

通常来说，盐穴的开采建立在每十亿立方米的工作气体容量的基础之上，开支最大。然而，请记住，此类设施中的气体可以不断循环产能，并由此降低成本。

一个盐穴设施每开采十亿立方米的工作气体容量可能耗资 1000 万 ~ 2500 万美元[4]。价格区间如此之大是因为选择地点不同，地质要求也不一样。影响因素包括压缩马力、地表类型及地质结构的质量。

一个枯竭的油气藏开采每十亿立方米的工作气体容量需花费 500 万 ~ 600 万美元，新存储设施产生的另一项主要成本为基础气。一个油气藏中的基础气含量能达到蓄水层中的 80%，因此，当天然气价格偏高时，其开采的可行性也大大降低。盐穴对基础气需求最少。基础气的高成本也是导致了人们不断扩张现有基地，而不去开发新的基地的缘故。扩张现有基地并不需要太多额外的基础气。这些项目的预期现金流取决于许多因素，如设施能提供的服务，及其运行的监管机制。主要利用商品套利机会来运作的设施，其现金流收益与主要用来确保季节性供应可靠性的设施的现金流收益不同。监管机构设定的规则既可以限制存储设施所有者的利润，反过来也可以保障他们的利润，而这取决于市场模型。

8.9 存储的演化

存储在美国天然气供应组合中一直是将持续看作是一个重要因素。在未来，新的市场力量及短期和季节性天然气价格波动幅度的形式转变将会带动天然气存储的价值。存储组件的相对价值也将发生改变。季节性存储容量将会变得更有价值（时间幅长更大）。注入能力也将变得更有价值（反映了平衡大型液化天然气汽化输出与多变的季节性要求之间关系的需要）。由于新液化天然气存储/汽化设施在短期和产能高峰期的总增加量，短期产能将不再占据至关重要的地位。储气库将最大化非常规天然气回收——天然气开采并不能在这个市场上有所作为。燃气调峰发电需要瞬时短期天然气供应。储气库能够用于为多种可再生能源项目平衡负荷。通过海上天然气供应，大型天然气发电厂、管道和其他措施，生产中断将得到缓解。到 2020 年，需要的新的工作气体容量可能要高达 6500 亿 ft^3，见表 8-1（能源和环境分析，2000 年）。

表 8-1　最新北美天然气存储需求量[1]

新增工作气体容量	2004~2008 年 /(十亿 ft^3)	2009~2020 年 /(十亿 ft^3)	总量 /(十亿 ft^3)
加拿大西部	30	40	70
加拿大东部及密歇根	36	74	110
中西部	–	60	60
纽约	10	56	66
宾夕法尼亚与弗吉尼亚	33	90	123
海湾海岸	72	5	77
西部海岸	21	78	99
其他	10	37	47
总计	212	439	651

① 来源：原范例来自《At the Crossvoads：Crisis or Opportunity for Natural Gas?》，能源及环境分析公司，已获授权，准予使用。

8.10　天然气存储技术发展

　　天然气存储技术自第一个存储地的出现起就不断发展。人们对气藏相应的储气条件、钻井孔的机械问题、流量、地层损害等各种问题都进行了研究。与其他勘探和生产操作相比，天然气存储面临着其独特的技术挑战。其中包括必须定期给储藏地充气，充气使井头和井孔的环境每年都要承受最大的工作压强，这就要求所有设备一直都维持在满足这一工作压强的状态。在标准石油和天然气生产操作过程中，只有最初生产时承受最大的压强，其后这一压力会逐步减少。

　　另外一个独特的挑战是蓄水层储气库需要过压条件来使天然气进入气藏。这项操作需要一个岩石盖层以阻止过压条件下天然气从气藏中流出。在典型的石油和天然气田中随着油气存储量的积累，此项岩石盖层技术的价值已被证实，但蓄水层的存储并没有这种条件。

　　美国能源部组建了行业研习会来评估近期和长期天然气存储的技术需求，确定了五大主要问题，及每个领域的研究需求和优先级（见表 8-2）。

表 8-2　天然气存储地技术：近期的高优先级研究需求

气　藏	机　械	水 问 题	数据管理	地层损害
开发技术，通过增加注入量以增加循环能力及/或减少用量	更好地确定套管能承受的最大三角洲温度，以防套管出现接合剂脱落或关节锻炼等问题	开发新的方法处理产出水	开发低成本，返修率低至±10%的多相井口气体测量系统	加大对表层损害修复技术的投资　将油井及钻井孔周边的氮气，二氧化碳排除干净以得到氧化皮、细砂、盐、沥青等
开发技术，维持天然气从形成到进入钻井口的现有流动路径	完善腐蚀管理方法，以提高可用性（尤其是对细菌的控制）　开发新式工具（如，测井）和技术来验证套管柱的完整性	开发具有成本效益的方式，用来在撤离季节去除水。开发技术控制或阻止水进入钻井孔，减少相对渗透度	开发基于 Web 的数据管理工具，对定期的监测数据进行自动存储、归档、检索及分析	经济有效地识别和应对损害机制　开展基础研究，旨在发现最常见的气藏损害
研究表明，改变润湿性能可增加气体产能。开发创新技术（如天然气润湿性），以低成本来增加现有存储地的容量	采用机械方式，如新式连续油管工具，来提高产能		为勘探和生产开发跨技术和数据挖掘技术	开发清理和仿真技术来修复损害
损失气：凝析油、移动、裂缝性气藏　开发技术经由实地试验来加强地层的连接，表明了产气能力的模糊逻辑关系	研究气体在生产高峰期的电力概念：钻井，井下燃料电池		优化软件，该软件记录工业井数据，液压系统（管道仿真）特性和系统调度	
开发新的方式模拟天然气循环进出存储的过程	提高储气井的寿命和完整性预测，以保持其容积			纠正钻井口损坏

（续）

气　藏	机　械	水　问　题	数据管理	地层损害
库存盘点：采用更优基础处理油气藏用户变更，如平均压力	评估非典型压缩和油气藏组合的快速输入输出（4ms）运动 超声波流量计 把智能管道概念扩大到生产套管，以证明可行性			确定钻井口附近的液压装置 储备液体

8.11　天然气存储与二氧化碳封存

美国和欧洲的天然气存储行业开发的许多技术，都能应用于二氧化碳封存。对于在地质构造中存储天然气，使用率最高的方法是把天然气注入枯竭的油气藏中，这是因为这类油气藏的有效密封能力，使得碳氢化合物在油气藏中千百年不会泄漏。由此，存储的天然气损耗的风险被降到最低（Benson 等，2002）。

然而，在需要天然气存储田的地区，枯竭的油气田数量不够。同样，在工业区和人口高度密集的地区的基地，枯竭的油气田数量很少甚至根本没有，不能用于二氧化碳封存。如今，通过在蓄水层中创建存储田，天然气行业的这一障碍已被部分解决。同时，这一技术也被广泛应用于全球各地工业区和人口密集区的二氧化碳封存。

蓄水层中的天然气存储是把天然气注入高或较高渗透性的蓄水层中，其结构条件模拟天然的油气藏，例如背斜隆起或没有上倾尖的结构形式。此外，目标蓄水层必须保证没有断层，否则，存储的天然气会从平面断层中泄漏。

在地质构造中存储天然气或二氧化碳的关键是选址和主体地层的精准描述，以保证地层是连续且覆盖面积广大，无断层或其他断裂，注入的天然气不会泄漏。存储区必须低于不透水顶层，最好为原状结构，横向连续，以便在很长时间内不断注入天然气，方便存储。此外，有价值的天然气存储和二氧化碳封存方法，都需要一个可靠的监控系统来保证其运转，并按照规划的模式行进。监控还必须要考虑必要时的补救措施。

美国和欧洲的天然气存储行业开发的许多技术，都能应用于二氧化碳封存。表 8-3 列出了这些技术。

表 8-3　对二氧化碳封存具有潜在应用价值的天然气存储技术

技 术 领 域	天然气储量测定	检 漏	漏损控制	天然气运动检测	盖层完整性测定	盖层封盖泄漏	气藏存储使用度
压力-容积技术	×	×					
油气藏模拟	×			×			×
容量测定技术	×	×					×
"看守谷仓大门"	×			×	×		
地面观测		×	×	×			
植被变化		×	×	×			
浅水井		×	×	×			
观察井	×	×	×	×	×		×
测井	×	×		×			
地震监测		×		×		×	×
天然气计量	×						
天然气取样与分析		×		×			
跟踪测井		×	×	×			
生产测试	×				×		
遥测		×	×	×			
浅层气回收			×				
蓄水层压力控制			×				
盖层密封技术		×	×			×	
地质评价	×	×	×	×	×	×	×
阈限压力					×		×
泵测试		×			×		×
流量及关井压力测试		×			×		×
空气和二氧化碳注入		×			×		×
钻井孔损坏超压			×	×	×		×

　　成功的封存二氧化碳需要各个领域人员的共同参与。由地下储气行业开发的技术对于二氧化碳的封存贡献卓越。储气运营商已经开发出一种技术组合，但在天然气的勘探与生产中还并未被广泛利用。这项技术的运用，以及对于这些可能性的不断认识能防止重复作业，节约资源并更有效地进行二氧化碳封存（见图 8-8）。

　　天然气存储行业已经成功运作存储田达 90 年之久，并开发了一系列的流程和技术，直接用于二氧化碳封存。储气运营商采用的许多技术都是由石油天然气行业开发的。

天然气存储行业开发了一些技术和程序，用来直接满足客户需求。在蓄水层储气领域尤其如此，开发了专门针对蓄水层存储业务的技术组合。所有现存的储气技术对于二氧化碳封存都有重大意义。蓄水层储气区最适合进行二氧化碳封存（见表8-3）。对于天然气的安全有效存储，储气运营商已经积累了重要的知识基础。尽管由于矿井的机械问题和一些地质因素可能导致不必要的天然气流失，但整体而言，天然气存储已经运行在很高的效率。

类型	开发每十亿立方英尺工作气体的花费
2次回收油气藏	500万~600万美元
6~12次回收盐穴	
海湾海岸 东北部和西部	1000万~1200万美元 最多2500万美元

图 8-8　开发每十亿立方英尺容量的工作气体花费
（来自：联邦能源管理委员会报告，文号 AD04-11-000）

参 考 文 献

1. Beckman, K.L., Determeyer, P.L., and Mowrey, E.H. June 1995. Natural Gas Storage: Historical Development and Expected Evolution. International Gas Consulting, Inc., Houston. GRI 95/0214.
2. Benson, S.M. et.al. 2002. Lessons Learned from Natural and Industrial Analogues for Storage of Carbon Dioxide in Deep Geological Formations. Carbon Capture Project.
3. Energy and Environmental Analysis, Inc. February 2000. Natural Gas Storage: Overview in a Changing Market Environment., Arlington, VA. GRI-99/0200.
4. Federal Energy Regulatory Commission. September 30, 2004. Staff Report. Docket No. AD04-11-000.
5. Katz, D.L. 1977. Making Good Use of Observation Wells in Gas Storage, American Gas Association Operating Section Proceedings.
6. Katz, D.L., and Coats, K.H. 1968. *Underground Storage of Fluids*. Ulrich's Books.
7. University of Michigan. May 1978. Proceedings of Symposium on Underground Storage of Gases, Engineering Summer Conference, Ann Arbor.

其 他 资 料

Burnett, P.G. 1967. Calculation of the leak location in an aquifer gas storage field. Society of Petroleum Engineers Gas Technology Symposium, Omaha.

Katz, D.L., 1971. *Monitoring Gas Storage Reservoirs*, Society of Petroleum Engineers Preprint 3287.

Katz, D.L. 1978. Containment of Gas in Storage, American Gas Association Operating Section Proceedings.

Katz, D.L., Elenbaas, J.R., and MacDonald, R.C. June 1983. Natural Gas Engineering Production and Storage.

Katz, D.L. et al. 1959. *Handbook of Natural Gas Engineering*. McGraw Hill, New York.

Thomas, L.K. 1968. Threshold pressure phenomena in porous media. *Society of Petroleum Engineers Journal.*

Witherspoon, P.A. July 1967. Evaluating a slightly permeable caprock in aquifer gas storage: caprock of infinite thickness. *Journal of Petroleum Technology.*

Witherspoon, P.A., Javandel, I., Neuman, S.P. et al. 1967. *Interpretation of Aquifer Gas Storage Conditions from Water Pumping Tests*, American Gas Association, New York.

Witherspoon, P.A., Mueller, T.D., and Donovan, R.W. May 1962. Evaluation of underground gas storage conditions in aquifers through investigation of groundwater hydrology. *Journal of Petroleum Technology.*

http://www.neo.ne.gov/statshtml/124.htm

图书在版编目（CIP）数据

大规模储能系统/（美）弗兰克·S. 巴恩斯（Frank S. Barnes）等著；肖曦，聂赞相译. —北京：机械工业出版社，2018.4（2022.1 重印）
（储能科学与技术丛书）
书名原文：Large Energy Storage Systems Handbook
ISBN 978-7-111-59621-9

Ⅰ.①大…　Ⅱ.①弗…②肖…③聂…　Ⅲ.①储能　Ⅳ.①TK02

中国版本图书馆 CIP 数据核字（2018）第 067218 号

机械工业出版社（北京市百万庄大街22号　邮政编码100037）
策划编辑：付承桂　责任编辑：付承桂　任　鑫
责任校对：张　征　封面设计：马精明
责任印制：郜　敏
北京盛通商印快线网络科技有限公司印刷
2022 年 1 月第 1 版第 2 次印刷
169mm×239mm·13.75 印张·2 插页·258 千字
2601—3100 册
标准书号：ISBN 978-7-111-59621-9
定价：79.00 元

凡购本书，如有缺页、倒页、脱页，由本社发行部调换
电话服务　　　　　　　　　　网络服务
服务咨询热线：010-88361066　机工官网：www.cmpbook.com
读者购书热线：010-68326294　机工官博：weibo.com/cmp1952
　　　　　　　010-88379203　金书网：www.golden-book.com
封面无防伪标均为盗版　　　　教育服务网：www.cmpedu.com